CICLO EVOLUTIVO DE LA MATERIA.
TEORÍA DE LAS DENSIDADES

CICLO EVOLUTIVO DE LA MATERIA.
TEORÍA DE LAS DENSIDADES

INDICE:

PREÁMBULO **8**

1. TEORÍA DE LAS DENSIDADES **12**

   1.01. TODO ESTÁ CONECTADO 12
   1.02. CONFUSIÓN ENTRE MATERIA Y ENERGÍA, A PROPÓSITO DEL POSITRÓN Y LA ANTIMATERIA Y SU RELACIÓN CON LA TEORÍA DE LAS DENSIDADES 13
   1.03. LAS LIMITACIONES DEL ATOMISMO. EPICURO Y PIERRE GASSENDI 15
   1.04. TEORIA DE LAS DENSIDADES. MATERIA/TIEMPO 17
      LA DIMENSIÓN DE LA MATERIA *19*
   1.05. ACLARACIÓN DE CONCEPTOS 20
   1.06. LA RELATIVIDAD GENERAL Y LA TEORÍA DE CAMPO UNIFICADA FRENTE A LA TEORÍA DE LAS DENSIDADES 21

2. TEORÍA DEL CICLO DE LA MATERIA **24**

   2.01. NO ESTAMOS SOLOS 24
   2.02. DEL SENTIDO DE LA VIDA 27
      EL SENTIDO MATERIALISTA DE LA VIDA *28*
      NO HAY MARCHA ATRÁS EN LA EVOLUCIÓN *30*
   2.03. MATERIA PERFECTA 31
      LA IMPORTANCIA DE LOS DETALLES *34*
   2.04. FILOSOFIA DEL PENSAMIENTO 35
      CRISIS EXISTENCIAL *36*
      UNA VEZ QUE LO SABES TODO, ES NADA. LA VIDA SE CREA Y SE DEVORA A SÍ MISMA *38*
      TENGO UNA TEORÍA, DEL INFINITO *40*
      PERSONALIDAD EN PROGRESIVA DEGRADACIÓN *41*

SOMOS PARTE DE LA VIDA 44
2.05. LENTO DE CONSTRUIR RÁPIDO DE DESTRUIR 46
DESPERTAR Y NO SER 47
2.06. DECADENCIA Y SURGIR 49
CONTRATIEMPOS DE LA EVOLUCIÓN 50
TRAS LA CONFUSIÓN VENDRÁ LA ARMONÍA 52
2.07. EL HOMBRE TECNOLÓGICO 53
EL EFECTO ARISTÓCRATA 58
CAMINANDO HACIA EL HOMBRE MÁQUINA 58
PARA LA MENTE, LO PEOR ESTÁ POR VENIR 63
2.08. PARÁMETROS FINITOS EN EL CICLO EVOLUTIVO DE LA MATERIA 66
2.09. TEORÍA UNIVERSAL DEL CICLO EVOLUTIVO DE LA VIDA 68
¿QUÉ ES LA VIDA? 72
LOS CUATRO PARÁMETROS QUE DEFINEN LA VIDA 72
EL QUÉ Y EL CÓMO DE TODO 73

3. EVOLUCIONISMO. EL HOMBRE EVOLUCIONADO 76

3.01. LA HISTORIA DE LA VIDA Y LA HISTORIA DEL HOMBRE 76
3.02. EVOLUCIONAR ES DEPREDAR 77
3.03. EVOLUCIONAR ES IR POCO A POCO 80
EL PROGRAMA 81
MÁXIMA PROYECCIÓN 82
3.04. EVOLUCIONANDO 84
EVOLUCIONAMOS AL CRECER 85
MI INCOMPLETA OBRA 85
ELLOS SERÁN PORQUE NOSOTROS SOMOS 85
DESDE LA POLÍTICA 88
EL FIN DE LA PAREJA 89
ALGUNOS PASOS 91
REFLEXIONEMOS SOBRE DÓNDE ESTAMOS 95
EL HOMBRE DEL FUTURO 97
EL MONO, EL HOMBRE MONO Y EL HOMBRE EVOLUCIONADO . 98
3.05. DUDOSA EVOLUCIÓN 101
NO SE PUEDE RECONSTRUIR CON LAS MISMAS PIEDRAS 107
EVOLUCIÓN Y VIOLENCIA 110

    LA CONQUISTA COMO MANIFESTACIÓN DEL PODER 112
    LA FILOSOFÍA DEL O PISAS O TE PISAN 113
    NO HAY GANADORES NI PERDEDORES 114
    ¿CUÁNTO HAY QUE CORRER? 116
    VISIÓN DE FUTURO...117
    REFERENTES DE LA CONDUCTA 119
    EVOLUCIONISTA, NO PROGRE 120
    AVANZAR NO ES HACER LO CONTRARIO 122

3.06. UNA BUENA NUEVA..124
    DIOS, LO INALCANZABLE 126
    UN NUEVO OCCIDENTE 127

3.07. LIBERTAD DE PENSAMIENTO Y PODER PSÍQUICO 128
    EL PODER DE LA MENTE..131

3.08. LOS HECHOS Y EL SABERSE 135
    LOS HUMANOS SON RACIONALES, PERO POCO 137
    REFLEXIONAR PARA VER CON CLARIDAD 139
    EL CULTO AL CUERPO Y EL ACADEMICISMO 140
    GANDHI NO FUE UN GENIO PERO FUE POR EL ATAJO 143
    NO HAY CAUSA PARA LUCHAR, MÁS ALLÁ DE LO PERSONAL ... 146

4. LA EVOLUCIÓN A TRAVÉS DE LA MÍSTICA . 150

4.01. EL DESPERTAR..150
4.02. DEL MISTICISMO AL EVOLUCIONISMO 152
    DEL SER MÍSTICO 153
    LOS MÍSTICOS ALCANZARON AL HEVO...................................... 154
    LA CIUDAD DEL SOL, EL HEVO Y LOS MÍSTICOS 155

4.03. LA IMPORTANCIA DEL PARÁMETRO TIEMPO 158
4.04. NO HAY PRINCIPIO 162
4.05. LA UNIDAD 163
4.06. CÓMO ES LA VIDA 166
4.07. VIDA INTELIGENTE 168
4.08. LA GRANDEZA..169
    EL RESURGIR 170

4.09. CÓMO MIRAR AL PASADO.....................................171
4.10. EL SER MÁS RELEVANTE...................................... 173
4.11. EL DIOS DEL HOMBRE 174
    DIOS, LO INALCANZABLE 178

EL HOMBRE DIOS *179*
   LO HUMANO Y LO DIVINO DE LA FIGURA DE DIOS *180*
   LA TENDENCIA A SER COMO DIOS *182*
4.12. EL BUEN PASTOR **185**
   EL MAL ES UN INVENTO DEL HOMBRE *187*
4.13. LA JUSTICIA DIVINA **192**
   TODO VALE PERO NO TODO ES ACEPTABLE *192*
4.14. LA RESURRECCIÓN **193**
4.15. SUMISIÓN **194**
4.16. ENCONTRAR EL CAMINO **195**
   DEL HACER CAMINO *196*
   CAMINAR CON DULZURA *196*
4.17. DEL TIEMPO NECESARIO PARA EVOLUCIONAR ..**199**
4.18. SOCIEDAD EN EBULLICIÓN **200**
4.19. EL ALMA Y LA MENTE, DIOS Y EL UNIVERSO **204**
4.20. PENSAMIENTOS ACTUALIZADOS: EL HOMBRE, DIOS Y LA LÓGICA **207**

EPILOGO **208**

BIOGRAFÍA **212**

PREÁMBULO

La materia lo abarca todo, tanto desde el infinito que tiende a infinito como desde el infinito que tiende a cero. Tal es esto que sólo podemos medir una pequeña porción de la misma, por más que avancemos en los métodos de medición. Hoy hablamos de bosones o del electrón del neutrino, y de un cúmulo de galaxias, pero mañana habremos llegado un poco más lejos.

Algunos quieren poner un límite a la materia, fijar un punto a partir del cual ya no hay nada. De la misma manera, otros han apostado por definir la partícula elemental indivisible. Pero los avances revelan que son afirmaciones erróneas, pues siempre hay algo más pequeño y algo más grande. Hablar del electrón del neutrino sonará a ciencia ficción para los que determinaron que el átomo estaba formado por un núcleo con neutrones y protones y por electrones. Lo cierto es que no existe el cero absoluto, de manera que *el infinito se desarrolla tanto hacia lo infinitamente pequeño como hacia lo infinitamente grande*.

Es por esto que surge la idea de la **Teoría de Las Densidades** *como expresión de unificar ambos infinitos, el cuántico y el macro*. Lo que diferencia a ambos es la densidad de la materia. Así, cuando viajamos a lo infinitamente pequeño, la densidad de la materia se hace infinitamente grande, y al contrario, cuanto mayor es la cantidad de materia abarcada, menor es la densidad, independientemente de que la densidad no es uniforme.

No pongamos obstáculos para profundizar en las ideas, pues, crecer hacia el interior, ayuda, también, a entender el exterior. Nuestra evolución está llegando a un punto en el que los misterios están prácticamente revelados y casi no quedan dudas existenciales. El hombre ha llegado a un estadio de la fase de la evolución en la que toda sombra ha quedado despejada. La humanidad está llamada a dar un salto a un nuevo sistema exento de mensajes e ideologías, en el que la tecnología muestre el verdadero conocimiento alcanzado por los humanos: la integración del medio, el hombre y la máquina.

Lo que distingue al hombre del resto de las cosas que conoce es que puede entender el porqué de esas cosas. Pero aparte de eso, es materia igual. Porque la materia no cambia ni en sus dimensiones externas ni en su contenido interno. Además, al ser eterna, las cosas suceden continuamente en infinidad de lugares y en infinidad de momentos.

La vida es como el llanto de un niño hambriento. Te exige gestos y, por cada respuesta que le das, te abre una puerta del conocimiento. Y cuantos más conocimientos adquieres más conoces a la vida y en llegando a entenderla te asombras y te iluminas porque en ese estado de gracia te confundes con la Vida. Pero no se une tu cuerpo, sino tu mente, que es la que ha hecho el viaje. Y cuanto más estés a la vida, más desapego tienes al cuerpo que, en definitiva, es la vida. Pero el cuerpo es la vida sin saberlo. ***Es la mente pasajera invisible que subida al cuerpo ha encontrado la gracia, que es la verdad última***, la caja de las respuestas, la vida en toda su inmensidad. La vida es, vista por esa mente, un cúmulo de elementos que viajan por el espacio infinito por siempre jamás y, en esa aventura, adoptan múltiples relaciones de proximidad, las cuales nosotros visionamos por su forma, tamaño, textura y color para una mejor determinación de los mismos.

La vida es materia interrelacionada en el espacio infinito y en el tiempo. Esto ha sido y será siempre así, es decir, que ocurre en el ±∞ tiempo. Debido a la interrelación entre la materia, ésta se presenta en distintas formas aparentes, las cuales obedecen a una lógica evolutiva. Por ello, es posible describir las formas en que se va presentando, es decir, podemos saber cómo evoluciona. Por otra parte, la evolución es un proceso de avance, y solo puede explicarse si transcurrido un tiempo determinado se repite el proceso evolutivo. Así pues, **toda materia está en un punto de la fase de evolución y toda materia pasa por todas las fases de la evolución, completando un ciclo.**

Seguidamente, comienza un nuevo ciclo que es exactamente igual al anterior y al siguiente. Como el tiempo y la materia son infinitos y la evolución es una constante cíclica, puede decirse que la materia pasa infinitas veces por el mismo punto de la fase evolutiva. Así, yo que soy materia, entiendo que hay infinitos yo en este instante y que ha habido y habrá infinitos yo.

La vida es un conjunto de piezas que interactúan en el espacio y el tiempo. Son cuatro variables: materia, espacio, tiempo e interrelación. Sin tiempo no hay vida. Un paisaje no es vida, vida es un paisaje a cada instante. Si solo miramos el paisaje un infinitesimal de tiempo, no vemos vida, debemos mirar el paisaje y tomar el tiempo que pasamos mirándolo, entonces, se nos revelará la vida. En el paisaje solo vemos colores, en el paisaje con el tiempo vemos cambios de colores y movimientos, vemos vida. Vemos a la vida, un todo que está vivo.

1. TEORÍA DE LAS DENSIDADES

1. TEORÍA DE LAS DENSIDADES

1.01. TODO ESTÁ CONECTADO

Resulta muy revelador ver el movimiento de las masas de aire, la presión, las nubes y la temperatura, gracias a las fotografías de los satélites y a los simuladores. Ver cómo está todo conectado como un todo-uno.

Igual ocurre con los humanos. Toda la humanidad está conectada por ese hecho común de ser humanos. Así, si generas puntos de conflictos, estos tienen consecuencias en el resto. Si generas puntos de amor, el efecto es el mismo, influyen en los demás. Así, ***podrían dibujarse los puntos de amor y de odio en cada instante, y con ello, trazar un mapa similar al mapa meteorológico***. De la misma manera, tendríamos a disposición un histórico, al igual que podríamos hacer pronósticos como cuándo será la próxima guerra, o cuántos actos violentos tendrán lugar en los próximos días. No obstante, el nivel de fiabilidad será muy inferior al pronóstico del tiempo, ya que éste cuenta con vectores muy conocidos.

1.02. CONFUSIÓN ENTRE MATERIA Y ENERGÍA, A PROPÓSITO DEL POSITRÓN y LA ANTIMATERIA Y SU RELACIÓN CON LA TEORÍA DE LAS DENSIDADES

He visto varias teorías que la están liando. Lo del viaje hacia atrás para comprender al positrón no es realista. La materia sigue siempre los mismos principios. Vean mi ejemplo de la antimateria: de un macho (positrón) y una hembra (electrón), cada uno en su espacio (espacios diferentes pero localizables, pues, está previsto su encuentro), cuando se encuentran, al atraerse (signo contrario) surge nueva materia, los hijos (materia y fotones). Esto, a escala cuántica ocurre con partículas y en millonésimos segundos. Decir que tras el choque desaparece la materia y surge energía significa negar la expresión $M_A = M_0 + E_0 = M_1 + E_1 = M_B$. No podemos apartarnos de esto: **tras un suceso, la materia A, que tiene una masa** M_0 **y una energía** E_0**, pasa a ser la materia B, con una nueva masa** M_1 **y estado energético** E_1.

Es una cuestión de tiempo que el modelo atómico sea superado, del mismo modo que la galaxia ha sido superada por el cúmulo.

En relación con mi teoría evolutiva de la materia, donde se conecta la materia no biológica, la biológica y la energía inteligente, todo esto no viene sino a confirmar que las leyes del universo se repiten, al igual que las propias matemáticas siguen la misma lógica para todas las cosas.

El hombre, en su ignorancia, se cree Dios, pero tal como teorizo, la materia, es decir, todo lo que es, es igual en importancia, de manera que **no sobra ni falta nada**, y que ***todo ocurrirá y ha ocurrido***. Podemos ver singularidades en todas las cosas, sólo es cuestión de investigar. Un átomo encierra tanto misterio como ciencia, y lo mismo ocurre con el hombre, con una estrella o con el Cosmos. El parecido es tan grande que todo parece ser la misma cosa, motivo por el cual suele concebirse la Unidad, es decir, un Todo-uno.

Lo único que puede cuestionar esto es *el no ser*, es decir, la nada. Pero no procede plantear esto, puesto que es inimaginable. Cierto que pensamos en la nada como espacio absolutamente vacío, pero esto no existe; ya que el simple hecho de considerar un espacio ya afirma su existencia. Lo mismo ocurre con el tiempo. Por esto ***no puede plantearse el no espacio, la no materia ni el no tiempo, más que como negación de la razón***. Y hacerlo puede considerarse un desorden psíquico que va contra la razón. Lo cual, por cierto, es incluso más habitual entre los grandes genios que entre la gente menos entendida. Pretender imaginar *el no ser*, supone imaginar el no espacio y el no tiempo. Un absurdo.

Ciertamente, los mayores genios, por más que asimilaron y procesaron mucha más información que alguien con una inteligencia media, sólo consiguieron saber más, pero esto no los convertían en más, y salvo los más humildes y resignados, el resto terminaron en el psiquiátrico por no poder soportar su propia existencia.

Así que el *"pasar un poco de todo"* y no sentirse frustrado ni angustiado por tener que decir **"*no sé*"**, puede ser una buena manera de mantener un equilibrio psíquico.

1.03. LAS LIMITACIONES DEL ATOMISMO. EPICURO Y PIERRE GASSENDI

El gran sabio <u>Pierre Gassendi</u>, en su vocación católica, aceptó el atomismo de <u>Epicuro</u>, que decía que los átomos eran partículas indivisibles, eternos e infinitos, pero lo corrigió diciendo que era un número finito y estaban creados e impulsados por Dios.

Su empecinamiento en la doctrina le impedía razonar con claridad. Evidentemente, tiene mucho menos mérito lo que yo diga, pero este es mi postulado:

Lo infinitamente pequeño tiende a 0, y podemos decir que es 0 a efectos prácticos o macro. Pero nunca llegará a serlo, pues, de llegar, habría que hablar de lo finitamente pequeño. Igual ocurre con lo infinitamente grande. Por eso, para entrar en polémica, yo digo que hay tanto hacia dentro como hacia fuera. Es una manera de demostrar que ***lo infinitamente pequeño existe igual que lo infinitamente grande***.

Por si hubiese alguna objeción contraria, puede añadirse que ***aquello que pudiera ser considerado indivisible, estará compuesto de algo en una determinada cantidad, y todo compuesto puede dividirse***.

El concepto de átomo se aplica a la materia, pero sigue el mismo razonamiento que el espacio. Si decimos que el espacio tiene un final, estaríamos ignorando lo que hay después de final. Pero aparece una posibilidad no descartable, que es posible que la materia tenga un final y el espacio que haya después esté completamente vacío. No obstante, **el vacío absoluto no existe**, motivo por el cual, yo rebato, lógicamente, la teoría de la gravedad, al ser una teoría que dice lo que pasa pero no la causa, y también, en parte, la de la relatividad, pues le falta algo para entender físicamente el porqué de la curvatura del espacio (en la curvatura del tiempo mejor no entrar). Por eso postulo la **Teoría de las densidades**:

El espacio está lleno, aunque la densidad de la materia varía de unos lugares a otros.

Podemos decir que hay n galaxias, en lugar de infinitas, pero en el resto del espacio siempre hay algo y ese algo es infinito y mide lo mismo que el espacio. Por el contrario, en lo infinitamente pequeño no podemos limitar la materia, pues siempre puede dividirse. En cambio, **el espacio cero si existe, basta con intersectar varias líneas; el punto de encuentro es el punto cero.**

Cuando viajamos a lo infinitamente pequeño, la densidad de la materia se hace infinitamente grande, y al contrario, cuanto mayor es la cantidad de materia abarcada, menor es la densidad, independientemente de que la densidad no es uniforme.

1.04. TEORIA DE LAS DENSIDADES. MATERIA/TIEMPO

La relatividad relaciona masa, energía, espacio y tiempo, y para que ello sea posible, necesita curvar el espacio y dilatar/contraer el tiempo. La teoría de las densidades es más simple, ya que reduce la ecuación a materia y tiempo. El espacio sólo es una dimensión, un parámetro con el que medimos el tamaño de la materia. Así, **el tamaño de la materia es el espacio**.

No es que el espacio esté lleno o vacío, haya o no haya cosas, sino que la materia tiene la medida del espacio. Siempre hemos visto el espacio como un lugar donde hay o no hay cosas. **El espacio no es, no existe, lo que es y existe es la materia, y al medirla obtenemos el parámetro espacio**.

Cuando vemos la materia, vemos su dimensión, es decir, el espacio que ocupa. Lo que ocurre es que cuando la densidad es muy baja —el vacío es materia con una densidad extremadamente baja— pensamos que vemos espacio. De aquí deducimos que en el espacio hay materia, con lo que le damos entidad al espacio, cuando solamente es un parámetro.

Es un error decir que 1000 litros de agua ocupan un espacio de 1m3 y que cero litros ocupan cero espacios. Lo correcto es decir que 1000 litros miden 1m3 y que 0 litro no mide nada. De la misma manera, **toda la materia mide ∞^3, que es lo mismo que decir que mide el espacio**.

Decimos que en el universo hay estrellas, en lugar de decir que *el universo es la medida de la materia*. La materia del universo tiene distintas densidades, según sean estrellas, nebulosas, gases, etc.... Se dice que hay *n* galaxias, porque se las sitúa en el espacio. Ese es el error, las galaxias son agrupaciones de astros. Es posible que haya *n* agrupaciones de astros, pero lo más probable es que haya ∞. Pero *el mayor error es decir que sólo hay n galaxias y el resto del espacio está vacío, porque volvemos a darle entidad al espacio. Sólo la materia es un ente. El espacio es una forma de medir.*

El tiempo es otro parámetro que utilizamos para medir los cambios. Los cambios son la evolución. *La evolución es la materia en el tiempo.* Si no hay tiempo la materia es como una foto invariable.

Si decimos que tenemos materia, espacio y tiempo, la materia es el ente y el espacio y el tiempo son parámetros, uno mide las dimensiones del ente y el otro los cambios que experimenta el ente.

Es posible que haya algún otro parámetro fundamental que desconocemos. La energía es un parámetro de segundo orden. La energía es un fenómeno que surge durante los cambios que sufre la materia (movimientos macros y movimientos cuánticos, calor, electromagnetismo, etc...). También es bastante probable que no conozcamos todas las formas de energía.

Valga esto para replantear la física y que los matemáticos busquen un ecuación única que una lo macro y lo cuántico. Desde mi punto de vista, *esta ecuación, la Teoría del Todo, debe basarse en las densidades*.

LA DIMENSIÓN DE LA MATERIA

Los científicos han dimensionado el Universo, por lo que habrá que inventar un nuevo concepto inmedible, por ejemplo infinitos universos, y seguir aumentándolo. Lo mismo habría que hacer para entrar en un electrón, porque tan infinito es lo grande hacia fuera, como lo pequeño hacia dentro.

Siguiendo este planteamiento, podría llegar a afirmar que hay infinitos planetas similares a la tierra e infinitos lugares con seres idénticos a nosotros, e incluso, similares a una persona, con igual forma de vida, nombre, dirección, etc.

Lo peor es hacerse la pregunta de ¿por qué es así? o ¿quién ha creado esto?. Cuando lo que debemos hacer es deducir que somos una forma de vida que tiene la facultad o el grado de evolución para investigar y descubrir esto y entenderlo. La vida crea y destruye en su constante surgir.

Lo tangible es que el tiempo tiene una dirección que marca ese surgir de la vida, y que es siempre un avance, una única dirección hacia ese surgir, hacia ese acontecer, y esto, precisamente, es lo que nos permite explicar y describir los cambios en el tiempo.

Todas las unidades de medida que conocemos son relativas a la materia, excepto una, el tiempo. Por eso, todo se explica con dos conceptos materia y tiempo, o sea, materia que surge. Simplificando a un solo concepto, sería vida.

1.05. ACLARACIÓN DE CONCEPTOS

—El Ser es la materia, por tanto, sólo existe la materia. El No Ser no procede plantearlo porque es inimaginable.

—El tiempo, el espacio y la energía sólo son parámetros que hemos convenidos para medir la dimensión y los cambios del Ser.

No debemos confundir los conceptos. Frecuentemente hablamos de espacio como si fuese algo, cuando no lo es. Decir que un cuerpo ocupa un espacio es un mal uso del lenguaje que lleva a equívocos, lo correcto es decir que ese cuerpo mide un volumen. El espacio no es nada.

Se habla de espacios vacíos, pero el ser está siempre, sólo es cuestión de conocer la densidad que tiene. **No hay discontinuidad en el ser, lo ocupa todo, es decir, la medida del Ser es el espacio.**

De la misma manera, el tiempo de existencia del Ser es todo el tiempo. **No podemos plantear una cantidad de tiempo para el Ser, porque daríamos validez al No Ser. El tiempo solo es un parámetro para medir cambios en el seno del Ser.** Y asociado a esos cambios, medimos la energía (en forma de movimientos a nivel físico y cuántico, temperatura, calor...).

Hemos de distinguir entre el Ser y la evolución o variación del Ser. Para explicar la evolución hemos de tener en cuenta el parámetro tiempo, pero el Ser es la materia en cualquier instante, independiente de la fase evolutiva en la que se encuentra.

1.06. LA RELATIVIDAD GENERAL Y LA TEORÍA DE CAMPO UNIFICADA FRENTE A LA TEORÍA DE LAS DENSIDADES

La Relatividad General es una teoría que ampliaba la Relatividad Especial al ocuparse de lo que ocurre cuando cambia la velocidad (<u>Stephen Hawking</u> lo ilustra con 2 mellizos: uno viaja en una nave a muy altísima velocidad y otro está en la Tierra. Al regresar a la Tierra será más joven que el que se quedó). La teoría demostraba que la masa hacía que el espacio se curvase a su alrededor (una bola de billar sobre una cama, curva la cama debajo de ella; si ponemos una canica sobre la cama, inevitablemente caerá hacia la bola grande). Las masas menores caen hacia las mayores, no solo cuando las masas mayores las atraen para llenar espacios +/-, sino también porque los objetos se mueven en un espacio curvo.

Yo lo entiendo como que el movimiento de la masa menor le lleva a tropezarse con la mayor; si yo salto un poco, termino tropezando otra vez con la Tierra, no por atracción, sino por coincidir las trayectorias, y si salto mucho puedo alejarme tanto que puede que no vuelva a tropezarme con ella. Si bien, la masa de hierro del núcleo de la Tierra necesita llenar espacios de cargas +, de modo que la dificultad para alejarme de la tierra es doble, por una parte tengo que apartarme de su trayectoria, y de otra, tengo que alejarme de los espacios de sus electrones (-). *Una nave espacial va soltando materia combustible sobre la materia existente en el espacio, es como si subiera por una escalera*; esa es mi teoría de las densidades.

Einstein pasó sus últimos 20 años intentando generalizar su teoría de la gravitación para unificar y resumir las leyes fundamentales de la física, específicamente la gravitación y el electromagnetismo. En 1950, expuso su infructuosa teoría de campo unificada en un artículo titulado «*Sobre la teoría generalizada de la gravitación*». En ella obviaba los avances que se estaban llevando a cabo por la comunidad científica, en especial, la fuerza nuclear fuerte y nuclear débil. Fuerzas que pudieron determinarse años después, mediante experimentos con física de altas energías. Pero Einstein no hizo sino abrir la puerta a nuevas teorías como la **teoría de cuerdas** o la **teoría M**, que tuvieron la misma voluntad unificadora.

Einstein dijo: "*ustedes se imaginan que contemplo la obra de mi vida con una gran satisfacción, pero visto de cerca no hay nada de eso. No hay un solo concepto del que esté convencido que vaya a durar e incluso me pregunto si estoy en el buen camino...*"

Personalmente, comparto la desconfianza de Einstein y llego a atisbar que su teoría no va bien encaminada. Es una explicación que demuestra sucesos, al igual que la de Newton (que sigue siendo la que usa la NASA). Intuyo que mi teoría de las densidades tiene mucha más lógica, ya que lo reduce todo a materia, prescindiendo de la energía, y considerando el espacio como una unidad de medida y no como algo que existe.

2. TEORÍA DEL CICLO DE LA MATERIA

2. TEORÍA DEL CICLO DE LA MATERIA

2.01. NO ESTAMOS SOLOS

Las probabilidades de encontrar un elemento parecido a otro ya conocido aumentan conforme aumenta el área de búsqueda. *Si ampliamos la búsqueda a todo el Universo, se superponen los infinitos de cantidad de materia y cantidad de la misma materia.*

Habida cuenta de lo poco que conocemos, es más que probable que haya otras especies en el universo, incluyendo civilizaciones más avanzadas a la nuestra. Si apenas conocemos el planeta Marte, que es el planeta visitable más cercano a la Tierra, y sospechamos de que pudo existir vida, ¿qué no habrá en los infinitos planetas de las infinitas galaxias que existen?.

Caminamos minados por nuestro pasado. Tanto es esto que la mayoría aún afirma tajantemente la existencia de Dios, y hasta apartan de la primera línea de relevancia social a los que no la reconocen. Considero esto un autoengaño, fruto del egocentrismo, por el que se rechaza reconocer la realidad y se prefiere dejarlo de la mano de uno o varios dioses que idearon los primeros humanos como recurso para explicar su existencia.

La ciencia no cierra los ojos, y emocionada afirma que si en Marte hubo agua, tuvo que albergar algún tipo de vida. Qué no habrá un poco más lejos, en otros planetas. Pues habrá muchos elementos parecidos a los de la Tierra y muchos otros diferentes que son desconocidos para nosotros. Habrá átomos desconocidos, pero estarán compuestos de núcleo y electrones. Luego, algo sabemos sobre la materia.

¿Acaso este conocimiento no nos ayuda a *saber estar en el mundo*, a contener nuestra angustia flotante, nuestras paranoias generadoras de descontrol y violencia?.

Asimilar que esto es así y que además conocemos muchos detalles del por qué es así y por qué no es de otra forma, no acerca al conocimiento del **proceso evolutivo de la materia.**

Aun así, resulta imposible dejar de preguntarse: *"¿por qué existo?"*. Pregunta que esconde otra más dura aún: *"¿por qué es?"*. Ya casi no nos preguntamos: *"¿por qué es así?"*; esto lo tenemos más o menos resuelto. **Nos preguntamos "por qué es" porque seguimos queriendo creer que antes no era**.

La energía ni se crea ni se destruye, sino que se transforma. Pero la energía sólo es un parámetro de medida de los efectos que produce la materia. **La materia es el Ser, y como no puede no ser, resulta eterna e infinita.**

Un ejemplo del absurdo de nuestra consciencia es la falsa sensación que suele producirse al despertar. En ese instante sentimos que hemos regresado al ser, unas veces con ánimo y otras con ganas de volver al no ser. Luego, estuvimos en el no ser, que son los sueños. Ciertamente, lo que ocurre en los sueños no ocurre en la realidad, pero sí ocurre en nuestra mente. Ved que sucede algo similar con la figura de Dios, solo existe en nuestra mente, solo que no estamos dormidos. También ocurre con cualquier otro conocimiento erróneo: pensamos que es de una manera y luego vemos que es de otra.

Parece que comienzan a haber pruebas de que soñar no aporta nada. Hay estudios sobre pacientes con lesiones en la zona del cerebro encargada del sueño, y dicen que no afecta al descanso ni al intelecto. La información que aportan los sueños no es útil porque no es cierta, luego, debe considerarse como parte de la información errónea. Pero no confundamos el Ser y el No Ser con el proceso del pensamiento, pues éste solo busca el entendimiento. El pensamiento no es algo físico, sino el resultado de algo que sucede en el cerebro (procesos electro-químicos que obedecen a multitud de estímulos-respuestas de nuestro organismo).

2.02. DEL SENTIDO DE LA VIDA

Una pregunta muy frecuente, en este caso, pragmática, es: *"¿para qué ser?"*. Más concretamente: *del sentido de la vida*. Pero esta sí que tiene una respuesta: **la vida —referida a nosotros— no tiene un sentido especial, simplemente, es un estado evolutivo de la materia**.

Resulta un tanto descorazonador, toda vez que la pregunta sobre *el sentido de la vida* suele surgir cuando reflexionamos sobre nuestros actos y planes de vida, sobre cómo vivir mejor y sufrir menos. De pequeño no sueles plantearte este tipo de preguntas, pues tu afán por aprender abarca todas tus expectativas. Pero de adulto puede resultar muy angustioso llegar a asimilar que *la vida no tiene ningún sentido meritorio, sino que es un estado evolutivo de la materia*. Es decir, que **todo lo que hagas o dejes de hacer no tiene más valor que un suceso que deviene de otro y antecede a otro, puesto que nada puede parar.** Y es que el tiempo te impide parar, con lo que el ahora sucede al antes y precede al después, y no hay más. De manera que lo que hagas ahora solo tiene la intención de influir en lo que hagas después, y viene condicionado por lo que hiciste antes.

Al igual que no que es posible no ser, tampoco es posible no hacer, dado que la evolución no puede parar. El parámetro tiempo, unido al ser, la materia, da como resultado la evolución de la materia.

La Vida es materia en continua evolución. El sentido, en cuanto a saber hacia dónde vamos, es claro, siempre se va *hacia adelante*. Pero no debemos pensar con ello que el ir hacia adelante es para *ser mejor que*, pues la evolución puede representarse gráficamente como una órbita, por lo que pasamos una y otra vez por la misma fase de evolución. Lo cual es perfectamente asimilable si consideramos que el tiempo es un parámetro infinito y unidireccional. La evolución se mide con este parámetro.

Pero esto no ha de producirnos una sensación de desconsuelo, sino de apego. Apego porque volveremos a estar. Y volveremos tantas veces que parecerá que nunca nos hemos ido. Mirad a la vida como una gran familia, una familia muy numerosa. Alegraos porque vosotros podéis entenderlo. Estabais perdidos y habéis encontrado las respuestas.

EL SENTIDO MATERIALISTA DE LA VIDA

Si el Sol sale igual para todos, entonces, ¿qué nos hace diferentes?. Las diferencias son muy sutiles, básicamente, se basan en la posición que ocupa un individuo dentro de una escala de poder establecido. Nos organizamos en base a una estructura jerarquizada, en la cual, cada ser se infla (se impone) en función de la cantidad de poder que cree tener respecto a los otros individuos.

Cuanto más riqueza, cuanto más fuerza, cuanto más intelecto o cuantas más armas tengas, mayor es la sensación de poder que se tiene sobre los demás. Es un **concepto materialista por el cual tener más se asocia con ser más**. De modo que si naces esclavo, asimilas, casi con toda normalidad, una conducta sumisa frente a tus amos. Las circunstancias modifican la conducta del ser, haciéndole creer que es más o menos que otro ser.

Cada uno de nosotros anda enfrascado en la idea, respecto a los demás, de que es más en algunos aspectos y menos en otros. Y así le da sentido a su vida. Aunque la opinión acerca de ello varía según con quienes nos comparemos y el momento en que lo hagamos. Por ejemplo, muchos hombres se creen más y mejores que la mujer, por las ventajas en la supervivencia que ofrece tener más fuerza física, cuando lo cierto es que la evolución ha hecho que el varón tenga más fuerza para que trabaje por los dos en los tiempos en que la hembra está en fase de gestación y cría de los hijos.

Así que nada es más, a la vez que no hay absolutamente nada que pueda considerarse insignificante, ya que cualquier cosa es *un ser para, y no sobra ni falta nada, porque la vida ni crece ni mengua*. Todos los elementos son eternos y el espacio y el tiempo son inmedibles (teoría de los infinitos infinitos) y cada elemento pasa el ciclo evolutivo completo infinitas veces.

Saber esto ayuda a superar el error obsesivo de creernos el *soy más* o *soy menos* en según qué cosa. Claro que si acaparamos abalorios y nos dejamos llevar por los caprichos y una ambición desmedida, lo que hacemos es acentuar la apariencia de desigualdad.

NO HAY MARCHA ATRÁS EN LA EVOLUCIÓN

La evolución es un avance imparable del Todo, modificando viejas formas para crear nuevas formas. El ayer nunca volverá a ser, aunque *el ayer es como el hoy, solo que aquel fue y este es*.

La evolución, aunque tiene el sentido de avanzar, lo único que hace es llevar a la cosa a la fase evolutiva siguiente. Pero la evolución avanza en círculo, por lo que cuando decimos que algo es más evolucionado, tan solo lo es porque se ha hecho después de, y por lo tanto, es más reciente, pero es materia igual y evolución igual. En ese sentido es igual una piedra y un hombre. Piedra y hombre son la misma cosa en un punto distinto de la evolución y ninguno está delante ni detrás del otro, porque *la piedra evoluciona hasta el hombre y el hombre evoluciona hasta la piedra*.

2.03. MATERIA PERFECTA

Todo es perfecto. No cabe valorar imperfecciones, ya que todo está en continua evolución o transformación. Además, dado que el tiempo es eterno y que la evolución resulta ser un ciclo que se repite indefinidamente en todas partes, **todo está repetido infinitas veces ahora y siempre**.

Toda porción discreta de materia se determina por la fase en la que se encuentra dentro del ciclo evolutivo de la materia.

Nuestra idea de la realidad varía en función de la información disponible. A mayor conocimiento, más se acerca la idea a lo real. Por ello, ***la realidad es relativa, pues cada uno de nosotros la percibe en función de los conocimientos y razonamientos que tenga***. Esa realidad es diferente a la que percibieron los otros en el pasado y será diferente a la que tengan los hombres del futuro.

Cuanto más se detallen las fases del ciclo evolutivo de la materia, más conoceremos la verdad de todo.

Sin embargo, la vida no es relativa, sino que es palpable en todas las cosas, porque todo está, luego existe. A pesar de que hemos trazado un línea que separa lo biológico del resto, es evidente que uno viene de lo otro. Si descomponemos suficientemente lo biológico, obtenemos materia toda igual. La materia elemental es igual, pero siempre se presentará relacionada como *un todo uno,* y siguiendo la pista a un elemento y sus relaciones, podemos determinar el punto de evolución en el que se encuentra.

Además, no hay imperfecciones porque todo lo que es, es igual a lo demás en importancia y porque todo está relacionado, de manera que no sobra ni falta nada.

Las diferencias que advertimos en las cosas solo determinan el punto en el que se encuentran dentro del ciclo evolutivo. ***Como el ciclo es cerrado y unidireccional, la evolución es un proceso de cambio que se produce en la materia y necesariamente pasa infinitas veces por la misma fase. Esto se cumple para toda la materia.***

Nuestras ansias por avanzar y mejorar no son distintas de las que tiene un átomo que busca la estabilidad en sus órbitas. Es la evolución de la propia Vida. La Vida es un todo formado por materia interrelacionada que evoluciona.

La idea material de lo perfecto surge de la comparación. Decimos que un diamante tiene la estructura más perfecta porque es la más ordenada y por ello es el mineral más duro que existe. La ciencia mide la perfección de forma matemática. Un cristal puede aparentar ser igual a un diamante, pero si tiene imperfecciones en su estructura no es tan perfecto como un diamante. Llamamos gas noble a aquel que tiene una configuración atómica tan perfecta que no necesita interaccionar con otros elementos para ser estable.

Asociamos lo perfecto a lo que es estable, inalterable, noble, completo y equilibrado. Luego, una persona noble puede considerarse perfecta. La persona noble es aquella que ha conseguido sintetizar la libertad, la igualdad y la justicia en su carácter. De manera que actúa como hay que actuar, es decir, de la manera adecuada o perfecta.

Al margen de mediciones discretas, y de que algo nos guste más o menos, si hacemos una medición del conjunto, la Vida es perfecta, toda vez que todo está interrelacionado y no falta ni sobra nada, ni existen elementos que sean más o mejor que otros. **No hay ni una sola partícula del Universo que aparezca o desaparezca, tan solo puede cambiar su posición o relación con el resto de partículas**. También podemos decir que todo es perfecto porque todo es eterno, lo cual implica que cada partícula es eterna y, como consecuencia, perfecta cuando se juzga a sí misma.

Dicho esto, no caigamos en la confusión de que da igual ser noble que villano o ser justo que injusto. No lo es a nivel ético, porque una sociedad se comporta igual que un gas inestable que capta y cede materia porque tiende a ser un gas noble. Todo gas evoluciona hacia un gas noble. Luego, toda sociedad evoluciona hacia una sociedad más noble y justa porque esta es una cualidad de la evolución.

Todo ansía el equilibrio, también la sociedad. Luego, la sociedad aprecia a los nobles y rechaza a los villanos. También hay sociedades más justas que otras, por lo que los individuos de las sociedades libres rechazan a las sociedades injustas y, por lo general, apoyan a sus víctimas, las cuales luchan para lograr ese anhelo de libertad y justicia.

LA IMPORTANCIA DE LOS DETALLES

La principal verdad, una vez conocida la Vida, es que **todo detalle importa** y que **no hay detalle que sea más importante que otro**, sino que todo detalle es igual de importante. El desprecio de un detalle significa obviar una realidad y por lo tanto tener una visión parcial de la realidad. Así, quien quiera ver una realidad más completa, habrá de sumar todas las realidades que surgen con cada detalle.

No existe nuestra verdad, ni nuestra realidad, sino la idea que tenemos de la verdad de la realidad. *La realidad es la que es y la verdad es el grado de conocimiento que tenemos de ella*. Quien obvia muchos detalles conoce poco la realidad, luego, es una concepción de la realidad es poco verdadera, o sea poco real.

Si además de obviar detalles, tenemos una idea equivocada de algunos detalles, la realidad es aún más errónea. Esto nos llevará a **construir pequeñas realidades falsas**, que sumadas a las otras conformarán un castillo inestable, una conciencia que camina con rumbo desviado.

El humano debe aprender a valorar y reconocer cada detalle, sin obviar ninguno. No importa el cuantificarlos, porque siempre serán muchos y no cabe calcular su número, ni valorar a cada uno. Lo que importa es percibir los que haya y asimilarlos todos como iguales en importancia. No confundamos el eliminar el factor valor con el no distinguir un detalle de los otros detalles, pues esto sería como no verlos. *Si ves un detalle, es precisamente porque se distingue de los otros*.

2.04. FILOSOFIA DEL PENSAMIENTO

Las cosas son así, nos guste más o nos guste menos, y a pesar de que en determinados momentos surjan dudas y se corrijan postulados. Cómo no vamos a dudar si, en ocasiones, presa del delirio y la congoja, llegamos a dudar hasta de nuestra propia existencia.

No basta con decir "*pienso, luego existo*". Pues, aún sin pensar, existimos igualmente. De acuerdo que al reflexionar podemos pronunciarnos sobre el hecho de existir, pero no es necesario. De hecho, la frase puede sonar un tanto ridícula o chistosa, si se saca de contexto, pues supone lo mismo que decir ***"vaya, qué sorpresa, acabo de darme cuenta de que existo, ¿en qué estaría yo pensando?"***.

El existir o no, no está en nuestras manos, pues, todo lo que es, también fue y será. Es más, no hay nada que no exista, y hasta lo que imaginamos existe, al menos en nuestra mente, puesto que es el resultado de un suceso neuronal. Tal es esto que el mundo de las ideas solo pertenece a la mente, y por ello solo es real dentro de nosotros. **La idea de la piedra es real en el cerebro, mientras que la piedra real es la que existe fuera**.

CRISIS EXISTENCIAL

Como he escrito en mis trabajos de Filosofía del Amor y Filosofía de la Conducta, existir es ya, de por sí, una cuestión difícil de aceptar, más, si cabe, cuanto más te lo planteas, aunque no planteártelo te expone a sentirte mal sin saber por qué. De hecho, es una cuestión que todos nos planteamos, es decir, que es intrínseco al hecho de pensar.

Para entender esto último que digo, valga la reciente noticia de un conocido músico que lucha contra la depresión desde que cumplió los 60 años, y que a su padre le pasó lo mismo. Aparentemente no hay un motivo especial, ni una desgracia familiar o personal, simplemente, está depresivo.

Las depresiones suelen sobrevenir o acentuarse por sucesos dolorosos, como la pérdida de seres queridos, situaciones de abusos y violencia física o psicológica, pérdida del trabajo, divorcios, enfermedad o deterioro físico, complejos y fracasos personales, etc. Pero también puede llegar como respuesta orgánica al agotamiento de las ganas de vivir, porque ya has superado el periodo de soportabilidad de existir para nada. *La vida no tiene sentido o fin alguno, pues no es más que un proceso evolutivo de la materia, y nosotros somos material igual.*

Sin embargo, por más causas que busquemos, la primera y más importante de todas es la distancia que separa al ser del no ser. *La mente racional sufre más que la irracional el hecho de existir, simplemente porque reflexiona sobre ello. Realmente no consuela saber que existes. Es desolador despertar y levantarse para hacer cosas intrascendentes que no sirven sino para continuar con*

la agonía del existir relativo, pues, aunque me crea lo que veo porque la ciencia me lo explica, qué más da, qué interés tengo en saberlo. En realidad ninguno. No soy más que algo evolucionado hasta justo lo que soy hoy. No soy una piedra, pero lo fui y lo volveré a ser, incluso, llegado el momento, volveré a ser yo otra vez, infinitas veces otra vez, tantas como ya lo fui. Lo sé, bueno, lo sé teóricamente, pues falta mucho para que esta teoría pueda formar parte de la ciencia.

Lo cierto es que hoy, mientras escribo esto, experimento cierta crisis existencial, por motivos coyunturales y porque vuelvo a pensar que no existo. Incluso mucho más que otras veces, ¿debería pasar una temporada en un psiquiátrico (tampoco estoy tal mal), o pasar unos años en una isla desierta (terminaría tarado), o comprarme un apartamento en Nueva York y fundirme la pasta? (sí, sí, viva el materialismo).

— Pero qué ibas a hacer en Nueva York, olvidar la idea de que no existes, jugar a despistarte, vamos, engañarte.

— Jugar ya juego aquí, ahora, con esto. Viajar es otra forma infantil de evadir el vacío existencial. Los turistas actúan como los niños en el parque, corren a ver esto o a hacer lo otro. Es la moda, el ideal burgués del siglo XXI. Estudiar, consumir, navegar por internet, mucho deporte y mucho viajar. El ocio gana terreno, toda vez que estudiar no te hace más inteligente y que las máquinas ya se encargan de resolverlo casi todo. Ni la cultura, porque es repetitiva y nos hace pasivos, así que a cultivar el músculo, que se note, y a corretear por las grandes avenidas y los edificios antiguos, que mola un montón.

Mas, no puedo decir «qué asco de vida», «qué imperfecta vida». Qué más quisiera yo, que no salgo del *qué es existir* y del *qué hago aquí*.

Todo me parece extraño y lejano, sin interés alguno, intrascendente. Seguramente, porque ya lo entendí, ya llegué y no hay nada más.

— Vaya hablas del ocaso, de la vejez, de la muerte.

— Sí, creo que nunca fui niño, ya de retoño lo entendía todo sólo con verlo. De joven, me llamaba a mí mismo «el vigilante», siempre observando a la gente y su conducta irracional o, cuando poco, estúpida o alocada. Si es que moverme o gesticular ya me parecía una estupidez, salvo, claro, cuando se me agarrotaba alguna parte del cuerpo o, simplemente, para no parecer muy raro o desconectado de otras personas.

Mi vida se ha centrado en entender, pero mis limitaciones me llevan a sensaciones de debilidad, cuando no de locura. Decir «*lo entiendo y listo, no hay más*» me resulta imposible. Siempre termina en un círculo vicioso, obsesivo, agotador, casi irracional.

UNA VEZ QUE LO SABES TODO, ES NADA. LA VIDA SE CREA Y SE DEVORA A SÍ MISMA

Una vez que desmitificas la existencia y ves con claridad el devenir, empiezas a envidiar a las piedras. Ni siquiera consuela saber que existes, porque comprender los procesos evolutivos e incluso teorizar sobre el ciclo evolutivo de la materia te lleva a detestarlo, a **rechazar la forma en que se evoluciona**, la génesis de cada elemento.

Toda la ilusión que te impulsa a aprender, una vez aprendido, se torna en decepción. Porque los procesos son todos iguales. Iguales en la materia inerte que en la materia viva, en los vegetales que en los animales. Pero en los animales aparecen nuevas expresiones como depredador, vida y muerte, sufrimiento y dolor, felicidad y alegría, depresión, enfermedad, padecimiento, agresión, abusos.

La vida es un error fatal en toda la inmensidad del Universo. En cambio, la materia inerte, ya sea en pequeñas partículas o en enormes masas que conforman las galaxias, interactúan de forma indolora. Simplemente chocan y se rompen o se unen y se transforman.

En la vida se usa otro lenguaje. *Su hijo falleció en un accidente y ella cayó en una depresión; estuvo en tratamiento más de una década pero un día acabó con su sufrimiento y se quitó la vida. Mientras, su hermano, un ambicioso emprendedor, consiguió tener uno de los mayores grupos empresariales del mundo. Fue procesado por supuesta corrupción, pero solo tuvo que pagar una cantidad poco significativa. Aunque no fue feliz del todo, padecía jaquecas, se casó tres veces y uno de sus hijos era adicto al alcohol y las drogas y le ocasionaba muchos disgustos.*

Todo para nada, o mejor, todo para lo mismo, porque, en realidad, el proceso es el mismo, esto es, evolucionar sin más. La humanidad no es nada, un grano de arena en el desierto, una pesadilla, una guerra constante, un crear y destruir, cambiar, transformarse. Igual es el ciclo animal. *Ves a un cervatillo y te produce ternura, pero al poco, un tigre hambriento lo mata y se lo come, y muerto el tigre de inanición, los carroñeros se dan un festín.*

La vida se crea al tiempo que se devora a sí misma. Lo demás son detalles sin importancia. Agarrarse al amor para huir del odio o predicar la paz para frenar la guerra es lo correcto, lo lógico, pero es banal, porque son las dos caras de la misma moneda, y una moneda siempre tendrá dos caras.

Por eso, una vez quitada la venda infantil que impide ver el devenir, y lo vano del sentir y padecer, he de confesar que no me gusta la vida, mas, nada puedo hacer, sino vivirla y contemplarla.

Ojos justos que alcanzan a ver una génesis diferente, mientras soportan una realidad, perfectamente injusta. Así vive un pensador que ya pensó y, por ende, entendió.

TENGO UNA TEORÍA, DEL INFINITO

Recuerdo, en medio de un amor idealizado, a la postre, traidor como ninguno, algún tiempo después de haberle dicho que tenía una teoría sobre la evolución, en esas que vas como en una nube, pensé «***tengo una teoría, del infinito***».

No es de extrañar que Georg Cantor, en 1874, no pudiera soportar aquella visión, aunque sólo fuese entre números; «***el infinito absoluto = Dios***». Qué son las matemáticas, sino una manera de escribirlo todo, y de paso, cuando no puedes ir más allá, volverte tarado.

PERSONALIDAD EN PROGRESIVA DEGRADACIÓN

El hombre se siente cada vez más pequeño. Es curioso, pero a cada paso que damos, especialmente en la ciencia, más pequeños nos sentimos, menos importantes, menos trascendentes, menos afortunados, luego, más insignificantes, más innecesarios.

Tanto evolucionar para terminar sabiendo que somos prácticamente nada. En la prehistoria, el hombre danzaba en torno al fuego para llamar a la lluvia y tener una buena cosecha. Luego, rezaba a los dioses para pedirles fortuna. Muchos llegaron a creerse dioses o enviados de ellos. Aún queda alguno que se lo cree y muchos que creen la existencia de Dios.

Pero a cada paso dado, los filósofos y científicos han ido convenciéndose, cada vez más, de que no somos nada. Yo mismo me manifiesto en tal sentido al decir que no hay nada, por pequeño e insignificante que sea, que tenga menos importancia que cualquier otra cosa, aunque tampoco más. Por supuesto, incluyendo «*la cosa hombre*».

Es desilusionante, poco romántico, si se quiere, pero la verdad es que **es tan trascendente el paso del hombre por la existencia como lo es el salto de un electrón de una órbita a otra.**

Siento desilusionaros, pero pintamos lo mismo que una gota de agua en medio del océano. Lo único de lo que podemos vanagloriarnos es de lo que sabemos.

<u>Comte</u> **sufrió varios episodios de locura.** Me atrevo a diagnosticar que se debieron a la claridad con que vio los

males de la sociedad, los desfases y la incongruencia. Si por un momento abriera los ojos a día de hoy, su locura se agravaría. La sociedad va perdida porque no asume los avances de la tecnología. *El individuo no sabe a qué atenerse porque la información lo desborda.* No es más que un "mono con traje" que repite lo que ve.

Las cadenas de montaje están formadas por monos con traje que utilizan tecnología de última generación. Los genios son los de siempre, pero poco o nada aportan, porque estamos en un nivel tecnológico a prueba de cerebros aún por desarrollarse. No basta ya con el cociente de inteligencia de Einstein, unos 160, dentro de poco habría que alcanzar 300. Con lo complicado que sería vivir con ese cerebro tan acelerado, habrá que relegar la felicidad a los cerebros más conformistas y despreocupados.

Positivismo, materialismo, existencialismo; de todo menos amor. Radicales, extremistas; todos quieren obligar, restringir la libertad con el fin de conseguir un avance en el orden social. Pero, ¿quién le pone el cascabel al gato?.

Comte dice que «*el progreso científico no es nada sin una ciencia social, y la ciencia social no puede establecerse si las ciencias que la preceden en la clasificación no han sido lo suficientemente desarrolladas*».

Lógicamente, Comte, al igual que otros pensadores revolucionarios, proponen métodos para conseguir esto. Por supuesto, candidatos sobran. Son los de siempre, con más o menos méritos e influencias. Y todos, absolutamente todos, harán lo que previsiblemente se espera que hagan. Por eso, la evolución no tiene saltos. Hay hitos o descubrimientos, pero el hombre evolucionado aún queda lejos.

La mente humana no da para más, al tiempo que el orden, precisamente, es el verdadero problema. Porque orden significa diferencias, y por tanto, confrontación. De ahí que me vea como un anarquista evolucionista. *El orden oprime, y por ello, la evolución ha de eliminar el orden, en pro de un humano más evolucionado y uniforme*. Ciertamente, insensible, sin ego, sin motivación. Lo que nos lleva a la filosofía del amor de <u>Cristo</u>. El problema es que se malinterpreta, pues se habla del amor desde la pasión y el martirio, en lugar de hablar de amor desde la evolución. Dios no es amor, el amor es un estado evolutivo al que sólo algunos místicos se han aproximado y que el "hevo" tendrá asimilado como su forma de organización social. Por otra parte, el "hevo" es una fase más del ciclo evolutivo de la materia.

A veces me planteo a qué tanto reflexionar, tanto perfeccionismo, tanta filosofía y considerar esto como algo normal y necesario, cuando, en realidad, estoy rodeado de basura.

Todavía habrá que sufrir a muchos tiranos y corruptos hasta que la ciencia nos lleve a un progreso social suficiente y generalizado.

SOMOS PARTE DE LA VIDA

Soy parte de la vida y por tanto Vida, como el meñique lo es al cuerpo. Se puede ejercitar más el meñique y conseguir que realice más funciones que las que realiza habitualmente. Yo puedo ejercitar más el cuerpo, la mente y hacer muchas cosas, pero funciones tales como andar sobre las aguas, resucitar o curar, no parecen posibles, ya que van contra la física y, aparentemente, contra la razón de ser de la fuente de la Vida.

Podemos llenar un vaso de Vida, que podrá ser agua, pero no podemos llenarlo de espíritu o milagros. En ese sentido, somos tan Vida como el agua. Distintos pero Vida igual porque ambos somos parte de la Vida. Haz que el agua camine por las mismas sendas que el hombre y será hombre, pero lo que conocemos como agua, solo camina por gravedad y por capilaridad.

La lógica que usamos para comprender *el porqué* suceden las cosas es el entendimiento de la Vida. Pero es mucho lo que se desconoce y, muy probablemente, las teorías de hoy serán revisadas a medida que el conocimiento sea mayor.

Pero lo que aquí relato, de lo que es Vida, es más duradero e inmutable, y no necesita de más datos para que se entienda. Todo es Vida, por tanto, está vivo y forma parte eterna de la Vida. Nada es nuevo en el todo Vida, ni nada es antiguo, ya que todo es eterno. Tan solo varía el espacio, el tiempo, la forma en que se presenta la materia y la energía, pero **lo que es aquí ya lo fue allá y lo será en otro lugar, de la misma manera que también lo fue aquí y lo será aquí y, por extensión, lo está siendo en otros lugares**. Y si en nuestras manos está cambiar alguna cosa, también en otras partes ocurre lo mismo y también hubo otras manos y las habrá.

2.05. LENTO DE CONSTRUIR RÁPIDO DE DESTRUIR

Es curioso que cualquier formación o construcción que conocemos suele tardar un tiempo considerable en concluirse. Sin embargo, para su destrucción, apenas bastan unos días, horas e incluso segundos. Es casi una Ley Universal.

Una catedral puede llevar siglos para ser levantada, pero basta un día para colocar explosivos y derribarla. Un planeta tarda miles de millones de años en formarse, pero basta un instante para que tropiece con la trayectoria de otro y se desintegre.

Es otro sino, otra realidad que hemos de asumir. Los humanos somos parte de esa realidad y por eso, igualmente construimos y destruimos. El método que más usamos para la destrucción es la violencia. La guerra es una forma de violencia que se ejerce por grupos organizados y armados, aumentando así su capacidad destructiva. Al tratarse de algo inherente al ser, no se concibe la existencia humana sin la violencia.

Si bien, la violencia es una materialización del odio. Lo contrario a la violencia es la paz, que es a su vez, la manifestación del amor. Así pues, *si nos referimos, por ejemplo, a la construcción de la felicidad, podríamos generalizar que con el amor se construye y con odio se destruye*.

DESPERTAR Y NO SER

Hoy me ha vuelto a pasar. Hacía tiempo que no me ocurría, pero hoy, al despertar y abrir los ojos, me ha costado *creer en lo que es*. Otra vez el por qué, otra vez el sentido de la vida, el existir, el yo en el devenir del mundo.

¿Por qué me cuesta tanto aceptar la realidad, si no cabe ninguna duda?. ¿Por qué insisto en plantearme el absurdo del no ser?. ***¿Cómo no vamos a creer en Dios, aunque sea para llenar el no ser?.***

Mas, cuanta ignorancia para llegar hasta hoy; y aun así, superadas algunas incógnitas que nos impedían conocer la realidad que hoy comprendemos, seguimos igual, en un sin sentido, en un ciclo evolutivo sin principio ni fin.

Pero si hubiese un principio, un Dios, tendría que haber un final en el que se acabase todo, y dado que el principio es la creación, esto es, el ser, el final sería el no ser, la ausencia de espacio, tiempo y materia. Algo completamente imposible e impensable, pues, hasta para imaginar necesitamos esos parámetros, puesto que imaginar también es, pues se realiza en el cerebro.

Entonces, no es de extrañar que sea tan fácil caer en los vicios, pues son lo más parecido a la negación de la realidad. El sexo, las drogas y el juego forman parte de ese materialismo palmario que combate el sinsentido. ***Combatir el sinsentido con sinsentido. Emborracharse o drogarse para reírnos durante un rato de la realidad, para esquivarla, para negarnos a nosotros mismos.*** Estos son los típicos extravíos de los humanos para encajar lo absurdo de vivir. Son un intento de salir y entrar de la realidad, un desahogo, una vía de escape para liberase de la esclavitud existencialista y volver con más ganas a la cruda realidad.

2.06. DECADENCIA Y SURGIR

De repente he visto el devenir de todo con gran claridad. ***Todo es decadente porque todo surge***.

El cambio se produce porque algo decae para que otra cosa surja. Siempre hay cosas que están decayendo y otras surgiendo. Eso es la evolución. El propio ser vivo resurge al nacer y decae al envejecer, hasta que muere. Pero no es el mismo ser, sino que, en realidad, surge un nuevo ser vivo, más evolucionado.

Esto ocurre también con nuestras emociones. Los altibajos son el resultado de momentos de decaimiento y momentos de resurgimiento del vigor. No queremos que los momentos que consideramos buenos se vayan, ni que los momentos que consideramos malos vuelvan, pero es inevitable.

Esto ya fue deducido por Nietzsche. Afirmaba que todo lo que surge nuevo, una vez surgido, sufre un proceso de degeneración hasta que surge algo nuevo.

El hecho de que las cosas decaigan y que, como consecuencia de su decaimiento, surjan otras nuevas, es, precisamente, el proceso de evolución, y nada tiene que ver con que sean mejores o peores. Cierto que se modifica en el sentido de mejorar, pero esa mejora también tiene aspectos negativos. Por ejemplo, la informática facilita muchas tareas, pero si la usamos dejaremos de escribir, de calcular o dibujar manualmente, con lo que perdemos habilidades. El ser vivo no es una roca, pero como contrapartida, cada uno tiene de qué vanagloriarse y de que humillarse.

Es conveniente ser consciente de esto para evitar el exceso de añoranza por el pasado y la angustia por lo que ha de venir, y también de lo contrario, de rechazar el pasado y ver el presente como el cenit de la felicidad.

—¿Cualquier tiempo pasado fue mejor?.

—No, simplemente fue distinto. Era otro momento de la evolución.

Vemos mucha injusticia en el pasado, pero no es menos cierto que hoy también hay mucha injusticia. ¿Qué es más cruel, que un ejército arrase una población a fuerza de espadas o que lo haga lanzando una sola bomba?. Comemos carne preparada, pero la mayoría nos negaríamos a tener que matar a un animal para comer. *La hipocresía es una forma de no querer ver la realidad*.

CONTRATIEMPOS DE LA EVOLUCIÓN

Hoy sabemos que las religiones, propiamente dichas, surgieron de la ignorancia, de la falta de evolución de los humanos.

Pero la religión no es sólo el culto a los dioses. Antes de lo que conocemos como religión, surgió lo que se denomina socialización de los primates, que luego dio lugar a la moral de los humanos, y posteriormente, a la religión. La cual, añade a la moral una explicación de la existencia y de la vida basada en la existencia de seres sobrenaturales que escapan a la comprensión humana. Además, las religiones surgen en todas la civilizaciones, lo que evidencia la preocupación por el saber, por intentar justificar el Yo en el mundo.

Así, aunque la religión surgiera en las culturas primitivas, se ha ido desarrollando con el paso del tiempo. De manera que aún hoy sigue siendo un pilar fundamental de nuestra civilización. Si bien, ha perdido gran parte de su credibilidad por no conseguir actualizarse a la par que los conocimientos científicos. No obstante, quedan sociedades que imponen su credo a todos sus súbditos, so pena de ser sancionados severamente. Un anacronismo que atenta contra la conciencia del Hombre Tecnológico. Es una negación de la verdad, un retroceso, un no querer reconocer que *la evolución cambia la realidad percibida*.

En cualquier caso, *las religiones supusieron un gran paso para la humanidad*, quizá el paso más destacable para diferenciar al hombre primitivo, prácticamente un animal depredador más, del hombre moderno.

Son contratiempos de la evolución. Aunque la evolución siempre es un avance, es muy frecuente que estemos una y otra vez volviendo atrás para rescatar asuntos que consideramos atemporales.

Es el caso del clasicismo griego. Cada vez que surge un nuevo estilo conceptual, la siguiente generación de artistas lo adapta a los conceptos clásicos.

La evolución siempre se hace acompañar de las bases que se suponen más sólidas. Pues, **descartar lo que es válido es ir contra la razón**. Y absolutamente todo paso evolutivo, por muy corta que sea su duración, obedece a una lógica.

La Biblia dice "***Todo es lícito, pero no todo conviene***". Así es, para cambiar todo vale, pero sólo se avanza con lo acertado, lo demás ha de ir a la papelera.

TRAS LA CONFUSIÓN VENDRÁ LA ARMONÍA

Cómo asumir tanto caos. Pues…, produciendo más confusión. Monos con traje que lo devoramos todo y nos autodestruimos. Error tras error, desorden en medio del caos, alegría por simples acontecimientos (por ejemplo: cuando gana "tú" equipo de fútbol), torpe inteligencia, egocentrismo, mezquindad, hipocresía, guerra y más guerra. Así, cuando ya no haya más confusión que crear, una vez hartos, no habrá otra alternativa que gatear y aprender a andar nuevamente.

Si después de una guerra viene la paz, tras la confusión, sólo puede venir la armonía. ***Tras la larga etapa de confusión del hombre mono con traje, vendrá la etapa de claridad y armonía del hombre evolucionado***. De la misma manera que de la montaña solo quedará el roque que resistió a la erosión. Siempre queda lo mejor de cada cosa, el resto se lo lleva el viento.

2.07. EL HOMBRE TECNOLÓGICO

Estamos entrando en la era del hombre tecnológico. Un periodo corto que llevará a otro mucho más largo, el del hombre-máquina, el cual, a su vez, llevará a otro aún más largo, el del hevo (abreviatura de hombre evolucionado).

El escritor y economista José Luis Sampedro expresa en un video lo que él considera la sabiduría. En resumen, dice:

«La sabiduría es el arte de vivir, no el arte de hacer cosas. Las personas no paran de hacer cosas, se pasan todo el día agitados manejando máquinas, pero no saben vivir.

Pero, ¿para qué estamos vivos?. Para vivir, es decir, para nacer y realizarnos, y luego morir. Pero para saber hacer eso necesitamos libertad. Pero no libertad de opinión, sino libertad de pensamiento. Y esto es más complicado, los poderes (sociales) se encargan, desde la infancia, de enseñarnos qué pensar, es decir, nos adoctrinan. Con lo que al no tener verdadera libertad de pensamiento, no tenemos libertad de expresión».

El mensaje viene acompañado de imágenes donde lo malo son las ciudades, el ruido, la contaminación y el estrés, y lo bueno es el campo, los paisajes idílicos, los sonidos armoniosos y el sosiego.

En la misma línea, en el siglo XVI escribía Fray Luís de León: «qué descansada vida la de aquel que huye del *mundanal ruido y sigue la senda de los pocos sabios que han sido...*».

Esto no nos debe extrañar, ya que a finales del siglo XVI, la población en España era de unos 8 millones. De modo que en cuatro siglos solo se ha multiplicado por menos de seis. En ese periodo la población europea era de unos 90 millones y la mundial unos 500 millones. Valga como prueba de que la superpoblación en Europa viene de muy lejos.

<u>Sampedro</u> es escritor, y como todo escritor, busca su realización para saber vivir. Por eso, la mayoría suelen llevar una vida sencilla y sosegada en el campo. Abrir una ventana y respirar el aire impregnado de aromas florales, abrir los ojos y humedecerlos con una mirada a lo lejos, entre árboles, prados y montañas. Eso ayuda a encontrar y desarrollar el yo. Pero para sentir eso hay que saber vivir. La mayoría de la gente, nada más despertar, conectan el automático, ahora tengo que hacer esto, luego lo otro, y cuando se les acaban las tareas programadas, buscan desesperadamente una nueva ocupación. Ahora se impone el uso compulsivo del teléfono, las redes sociales, la práctica del deporte y viajar. Una auténtica aberración y la mejor vía de adoctrinamiento, pues no deja espacio para la reflexión. Todos se afanan en visibilizar su existencia, da igual su nivel académico e intelectual, si no tienes seguidores y algo que contar, eres invisible.

Generación tras generación, se repite aquella sensación de que «*cualquier tiempo pasado fue mejor*». A lo cual, yo matizo afirmando que **«*cualquier tiempo pasado fue diferente y menos evolucionado*»** y que **«*siempre que se gana algo, se pierde algo, a pesar de que siempre se avanza con la idea de mejorar*».**

Como ejemplo de que se avanza para mejorar, recuerdo a <u>Alexis Valdés</u>, un monologuista mulato que en su actuación, como respuesta a los que sostienen que cualquier tiempo pasado fue mejor, dice: "*no, yo ahora estoy mucho mejor, si yo estuviera aquí ante ustedes hace 200 años, esto sería una subasta*" (y él sería el subastado).

El pasado es más horrendo que bello. Interminables guerras (en realidad yo sostengo que solo hay una guerra y que nunca ha terminado. Es la guerra por el poder, ya sea para aumentarlo, para mantenerlo o para recuperarlo), epidemias, baja esperanza de vida, hambre, miserias, esclavitud y vasallaje frente a una nobleza y aristocracia que vivía en una exultante ostentación y consideraban al resto como personas ignorantes y con escasa inteligencia, que estaban, irremediablemente, condenados a vivir de forma miserable.

Lo único bello que ha trascendido del pasado procede de la nobleza, como lo es la cultura y la arquitectura. Por eso, a la pregunta de **«*si pudiese haber elegido entre nacer o no nacer, ¿qué diría?*»**. Diría **«*no nacer*»**. Por eso **apoyo la no procreación, la reducción drástica de la población** humana. De hecho, es algo que **sucederá en un futuro no muy lejano**. El movimiento ya se ha iniciado en occidente, especialmente en personas con cierto nivel de estudios, aunque la mayoría no lo hace por un planteamiento trascendental, sino por la actitud egoísta de que tener hijos no compensa.

Algo se pierde siempre. Por ejemplo, antes no se cuidaba el medioambiente natural porque era inmenso. Ahora, tras haberlo destruido, cuando queda una mínima parte, nos esmeramos en conservarlo y recuperarlo. Sí, **cuando la cosa se pone fea, toca preocupamos**. Pero la preocupación es tal que nos obsesionamos hasta el punto de poner leyes, penalizar, y como no, en viajar en busca de paisajes idílicos o cool (anglicismo que significa que está genial, que es maravilloso. La persona cool es lo más de lo más), que luego ponemos en las redes sociales como si se tratase de un descubrimiento y la coletilla de «*yo estuve en ese lugar; qué bonito (muérete de envidia)*».

<u>Algunas cosas horribles de la actualidad, resultado de la evolución</u>: armas de destrucción masiva, contaminación, ruido, reducción del medio ambiente natural, macrogranjas de animales para consumo humano, accidentes de tráfico, superpoblación, aislamiento del individuo, estrés y ansiedad generalizados, consumismo y materialismo.

<u>Algunas cosas que han mejorado</u>: reducción de las guerras, medidas anticontaminación, conservación del medio ambiente que queda, atención sanitaria, medios de transporte y comunicaciones, producción de alimentos, nivel de vida del ciudadano medio y reducción de la miseria, derechos individuales.

Con frecuencia, **el error es por exceso**. La industria, los edificios y las infraestructuras contribuyen al desarrollo y bienestar, pero proliferaron sin control, destruyendo el medio natural. Ahora que sabemos que el medio natural influye mucho en la calidad de vida, estamos empezando a tomar medidas: planificación de las obras, gestión de residuos, reducción de emisiones, eficiencia energética, etc. En el pasado dejamos crecer las ciudades sin planificación, y ahora que no cabemos *se* peatonalizan las calles, ***se separa la zona industrial de la residencial***. Esto genera ***nuevos problemas y necesidades, como el aumento del tránsito de vehículos*** de unas zonas a otras y la realización de más infraestructuras y destruir más y más espacios naturales.

Estamos en este punto, y el futuro no puede ser otro que reducir y redistribuir la población para evitar el agotamiento de algunos territorios.

Pero la alternativa no es la que propone <u>Sampedro</u>, de ***vivir en el campo y hacer pocas cosas***, porque acabaríamos con el entorno rural. Somos demasiados, la población actual es de unos 7000 millones. Miento, acabo de ver el reloj de la población mundial y ya somos más de 8100 millones, y se estima que en 2025 alcanzaremos los 8500 millones y 10000 millones en 2045.

En 1950, la población mundial era de tan solo 2500 millones. De modo que en el período entre 1950 y 2020, el incremento poblacional es más de 3. Si bien, ha variado de manera muy dispar: en Europa ha pasado de 547 a 745 (Δ1,36), en África de 221 a 1358 (Δ6,14), en Asia de 1400 a 4650 (Δ3,32) y en América de 340 a 1046 (Δ3,08). Y si actualizamos al año 2023: Europa 752 (Δ1,37), **África 1467 (Δ6,64), Asia 4824 (Δ3,45) y América de 340 a 1060 (Δ3,12).**

En realidad, el crecimiento demográfico en Europa se está manteniendo debido a la inmigración. Si se excluye ésta, la tasa de las últimas décadas sería negativa. Sin duda alguna, Europa es el ejemplo a seguir, aunque lo cierto es que en los años 50 era el continente más superpoblado, y sólo Asia la superaba en número de habitantes, pero geográficamente es mucho más extensa que Europa. De lo que puede deducirse que el estancamiento de la natalidad se debe más a la superpoblación que a cuestiones como la incorporación de la mujer al trabajo y la calidad de vida. Prueba de ello es EE.UU., que ha pasado de 150 a 330 (Δ2,2) millones en ese periodo.

EL EFECTO ARISTÓCRATA

Soy rey y soy esclavo porque no sirvo a nadie y nadie me sirve a mí y porque sirvo a todos y todos me sirven a mí.

No avanzamos convirtiendo a los hombres en obreros, sino en aristócratas. Hombres libres, independientes en cuanto a ideas y decisiones y subordinados únicamente a la voluntad del pueblo. Este pensamiento es el principio de una nueva ideología que supera al liberalismo y al comunismo y que terminará por imponerse en la cultura del *hombre tecnológico*.

El planteamiento parte de que cada individuo es un aristócrata, independientemente de que tenga mayor o menor riqueza. Se trata de ***un ser noble y responsable que no necesita jefes ni leyes para saber cómo ha de actuar, puesto que lo único que necesita es entendimiento, siendo del todo irrelevantes las circunstancias personales***. Esa será la personalidad del hombre que viene, el hombre tecnológico.

CAMINANDO HACIA EL HOMBRE MÁQUINA

La mente capta señales externas, luego las identifica y, seguidamente, reacciona o responde. Este es el mecanismo natural de todo ente, en este caso, se trata del homo loquens matematicus. Es una mezcla de lógica y razón y, por lo tanto, también de descontrol e improvisación, porque todo son vaivenes que podemos contabilizar, de forma pragmática, como aciertos y errores.

Esta forma de funcionar genera cierto desasosiego, inseguridades y también lo contrario, seguridad y reafirmación. Pasamos del equilibrio al desequilibrio y vuelta a empezar, y no hay forma de parar. Es más, es inimaginable cómo sería parar. La mente necesita aferrarse a un rol, a un papel identificable por otras mentes, en la que se tienen en cuenta factores como edad, capacidad, estatus, cultura, estética, costumbres, región, etc.

Me planteo aspectos como:

— Captar todo lo que nos rodea, cuanto más mejor, y estar preparado para la respuesta, si fuese necesario.

— Y todo lo contrario, aislarse de lo que nos rodea y afrontarlo todo desde un esquema mental perfeccionista.

— Y al mismo tiempo, eliminar el pensamiento fonético y el fotográfico y dejar que la mente almacene y razone sin estos recursos, dejando la fonética solo para expresar a otros humanos la respuesta. De hacer esto, conviene también probarse fonéticamente mentalmente o hablando, hasta que haya convencimiento de que el contenido puede expresarse puntualmente de forma verbal o escrita, pues, es costumbre pensar usando la fonética, como si habláramos mentalmente. Los ordenadores no funcionan así, ya que lo hacen a partir de señales eléctricas que permanecen estáticas hasta el momento que se solicita una respuesta. Por otra parte, **los ordenadores no piensan, pero tampoco se equivocan**.

Hemos de aprender a no equivocarnos en cosas que sabemos hacer correctamente. Para ello, debemos aprender a hacer las cosas rutinarias de forma sistemática, en lugar de pensar todo el tiempo. Por absurdo que parezca, **hemos de** *aprender de las máquinas o ellas terminarán por sustituirnos y enviarnos a la cola del paro*. Tenemos que separar lo técnico del pensamiento. Lo técnico es sistemático, sigue un proceso establecido y no conviene cambiar nada, salvo las actualizaciones que se vayan produciendo, fruto de los avances científicos.

Así, hemos de separar las investigaciones científicas de los procesos habituales, que son sistemáticos. Debemos aprender bien cada proceso y una vez dominado, realizarlo de forma sistemática y sin divagaciones.

Cierto es que aun sabiéndolo, hasta no haber practicado lo suficiente no conseguimos la confianza necesaria. Puede ayudar el hecho de que *todos los procesos sistemáticos suelen seguir una misma lógica de procedimiento o metodología que permite abordar casi cualquier problema o actividad*.

Ejemplo 1:
Explicar un tema ante el público suele ser considerada una tarea delicada y angustiosa, pero realmente solo es algo sistemático. Llegamos, saludamos, introducimos el tema, desarrollamos el tema, concluimos y nos despedimos.

Ejemplo 2:
En ingeniería, cada proyecto y ejecución tiene sus singularidades, pero el método a seguir siempre es el mismo: aparición del problema o necesidad, análisis del problema, estudio de soluciones, adopción de la solución más conveniente, elaboración del proyecto, ejecución, seguimiento de la solución adoptada, mejoras, mantenimiento.

Tras el planteamiento inicial y el análisis de procesos e investigación, parece claro que *"comerse el coco"* es una anomalía, un lastre que heredamos al ir creciendo. Nacemos vacíos y vamos captando lo que nos rodea, al tiempo que pasamos por diversas etapas de crecimiento, madurez y envejecimiento. Sin embargo, esto no es excusa para equivocarnos, pues también el ordenador está vacío y se le van añadiendo programas (procesos) para que resuelva más cuestiones y, pasado un cierto tiempo, sus componentes empiezan a fallar. En todo caso, la tecnología nos inunda, de manera que, irremediablemente, **el hombre máquina se va imponiendo**.

Al margen de que puedan surgir nuevos procesos o que se reajusten procesos existentes, lo prioritario suele ser la resolución de los problemas y necesidades de la sociedad actual, la sociedad del siglo XXI.

Ejemplo 1: se gastan cantidades ingentes de recursos en ocio, tales como viajes, deporte, cultura y entretenimientos, mientras una parte de la sociedad vive en precario e incluso muere de hambre e inanición.

En este caso, puede ser necesario un nuevo proceso y, una vez creado, habrán de pasar algunas décadas para su completa implantación. Se trata de **un proceso que permita la globalización**, que sustituya las barreras gubernamentales por una estructura única y cerrada, capaz de acoger a toda la ciudadanía. Este proceso, como muchos otros, busca contener los efectos perniciosos que derivan del egocentrismo, la dominación, la supremacía y la indolencia frente al sufrimiento ajeno.

Salvo raras excepciones, nadie, ningún país, cede su tecnología y recursos a los que carecen de ella. Esto es porque los procesos tienen copyright. Estos llevan en su seno **el competir para llegar los primeros y llevarnos el premio y no compartirlo**. Este es el proceso que prima en el hombre actual.

El hombre máquina es el sucesor del hombre tecnológico y el hombre tecnológico el sucesor del hombre mono con traje. **Estamos ya muy cerca del hombre tecnológico**. Para llegar, es necesario aumentar nuestras capacidades intelectuales para poder asimilar toda la tecnología. Por su parte, el hombre máquina, cuando llegue, habrá superado muchos defectos de los procesos del hombre tecnológico, en especial, el ego. El hombre máquina actúa conforme a unas reglas, las cuales asume sin ningún tipo de coacciones, ya que son sus reglas. Nadie le dice lo que tiene que hacer, sino que está capacitado para saberlo y lo hace.

El hombre actual actúa con escasa formación, con insuficiente inteligencia y, además, actúa para sí, alimentando su ego (el ser mejor que). **Su proceso produce un constante desequilibrio personal y social**. De hecho, es vox populi que el sistema no funciona, que es corrupto y está viciado.

PARA LA MENTE, LO PEOR ESTÁ POR VENIR

Nuestro bienestar, lejos de mejorar, van empeorar mucho en los próximos años. La evolución del hombre actual al hombre tecnológico y de éste hasta el hombre máquina, no va a ser un camino de rosas, ni un paseo reparador junto al mar. Todo lo contrario, **nuestro cerebro va a reventar**. Las víctimas serán numerosas. De hecho, ya está dando señales de saturación e incapacidad. Basta con ver las estadísticas de la población que necesita ansiolíticos para vivir, las cuales reflejan que el consumo aumenta de año en año. En cualquier caso, los que no los toman, no andan mucho mejor. Los casos de universitarios que quedan tocados no paran de incrementarse, sobre todo en las carreras de ciencias. Depresiones, esquizofrenias y paranoias destructivas derivadas de un **desbordamiento de la psique por no ser capaz de gestionar bien toda la información que nos rodea**.

Muchos diréis "*a mí no me afecta, yo no me complico la vida*". Ya, tal vez vosotros, sobre todo los más mayores, escapéis a la complejidad que se nos viene encima, pero vuestros hijos no. Ellos no podrán ni imaginar cómo es vivir sin tecnología.

Ni los más vagos y dejados escapan a la red. Estamos enganchados, casi sin remedio, a internet, a las redes sociales y a los smartphones (teléfonos inteligentes). Da igual que conozcas su tecnología o no, aprendemos a usarlo antes que a escribir correctamente o a saber usar la regla de tres.

Tal vez sea digno de analizar si hay alguna relación entre la tecnología y la soledad, o la drástica caída de la natalidad. **Hogares formados por yo y mi máquina**.

Mucho caerá la población en las últimas décadas del siglo XXI. La caída será proporcional al grado de penetración de la tecnología en cada región. Pero irá a más cuando entremos en el hombre máquina y, llegado el hevo, sólo quedarán unos pocos, tal vez solo un par de decenas de millones de individuos pululando por la galaxia (ovnis). Seguramente en contacto con otras civilizaciones y hevos procedentes de otros planetas.

Hoy por hoy, la tecnología avanza en dos direcciones: en la innovación y en su implantación. Cada día es más sofisticada y cada día llega a más hogares. ***Entra, nos capta y nos transforma***. Nada es igual que ayer. Cada uno de nosotros interactúa con la máquina y se convierte en testigo virtual de todo suceso que circule por la red, a la vez que emisor de sucesos y opiniones que nosotros introducimos en la red.

Nuestro cerebro se revoluciona al tener que almacenar toda la información, procesarla para poder entenderla, filtrarla para preparar una respuesta, al tiempo que conectarla a la información que ya tiene, actualizando la que se vea afectada.

No importa que no intervengamos físicamente en el hecho sucedido, la red nos hace partícipes y cómplices. Por ejemplo, si hay una inundación en alguna parte, al tener conocimiento a tiempo real de lo que está sucediendo, debemos asimilar lo que es una inundación, la gravedad, los daños, las víctimas, la gestión de la emergencia, el riesgo de que te afecte o que pueda afectar a tu localidad una catástrofe similar. No podemos ir a socorrer porque está lejos y porque no somos especialistas en salvamento, pero no nos quedamos ahí, sino que entramos en las redes para participar, aunque sea opinando.

Cada día se cuelgan en la red miles de sucesos, y esto no para de aumentar día tras día. Es fácil que esto nos desborde y bloquee el psique. Comenzaremos con ansiolíticos, y si no es suficiente, terminaremos en un centro psiquiátrico para desestresarnos de tanta información.

No hay lugar exento, vayas donde vayas está todo el mundo colgado a la red, más que personas parecemos terminales conectados a un gran ordenador. Nos estamos convirtiendo en una especie de cerebro andante atiborrado de información, y esto va a más, y no tiene marcha atrás.

La evolución es unidireccional y siempre va en el sentido del avance, al igual que el tiempo. Así que ***olvídense de imaginar un futuro con bonitas casas en el campo, caballos, puestas de sol y velas románticas. El futuro más inmediato será un ejército de individuos indolentes y apáticos con un cociente intelectual de 200 que lo controlan todo con sus pantallas táctiles y mensajes de voz.***

2.08. PARÁMETROS FINITOS EN EL CICLO EVOLUTIVO DE LA MATERIA

No todo son infinitos en la Teoría del Ciclo Evolutivo de la Materia. El ciclo tiene una duración muy grande, pero es finita. **Todo ciclo tiene una duración finita**, es una condición necesaria para que pueda ser ciclo. La línea es infinita, la circunferencia es finita.

El ente vive infinitas veces finitos ciclos evolutivos de duración finita. Esto es, dado que el tiempo es infinito o eterno, el ente vivió y vivirá infinitos ciclos. Hay una gran variedad de ciclos diferentes, tanto por la forma en que evoluciona el ente, como por la duración del ciclo.

Incluso el ciclo de duración más amplia tiene duración finita. Aunque sea tan extenso que tienda a infinito, el ciclo se cerrará. Estos ciclos más largos conllevan un ente más parecido al original. Pongamos que yo soy el ente. Al completar un ciclo evolutivo me convierto en un ente parecido al yo actual. Cuanto más amplio sea el ciclo, mayor será el parecido. **El ciclo más amplio dará como resultado un yo exactamente igual al yo actual**.

El número de cambios posibles es otro parámetro finito de esta teoría. La evolución consiste en que **un ente evoluciona hasta volver a ser el mismo ente**. Esto supone que el ente pasa por un número finitos de fases de evolución.

En un intento de establecer las fases, he estimado un ente, yo, que procede de los primates y que ahora es un hombre mono con traje que está a punto de evolucionar hacia un *hombre tecnológico. Luego seré un hombre máquina, luego un hevo (hombre evolucionado), luego un humanoide, luego materia inteligente, luego materia inerte, luego materia biológica, luego animal, luego hombre y luego, tras muchos ciclos, yo otra vez.*

2.09. TEORÍA UNIVERSAL DEL CICLO EVOLUTIVO DE LA VIDA

Fijaros que Vida, con mayúsculas, es una, es nombre propio. **La Vida es una formación de materia interrelacionada**. Esta relación solemos medirla en distintas formas de energía, como son el movimiento (energía cinética), gravitatoria, electromagnética, calórica y otras como atómica, subatómica, fotónica.

El ciclo de la vida puede dividirse en las siguientes fases: **Materia → vida vegetal y animal → hombre mono → hombre máquina → hombre evolucionado → humanoide → materia inteligente → materia**, y se repite el ciclo.

Todo ente, por muy pequeño o grande que sea, y por muy simple o complejo que sea, está en alguna de las fases anteriores. Hay ∞ entes, el espacio es ∞, el tiempo es eterno y abarca el $\pm\infty$ tiempo y el ciclo se repite ∞ veces. Esto representa el momento que caracteriza a un ente que se repite infinitas veces en el espacio infinito y en el más menos infinito tiempo.

¿Hay más humanos en el universo?. El universo abarca el espacio infinito, luego puede haber infinitos Yo en el espacio e infinitos Yo en el más menos infinito tiempo.

La Vida es materia interrelacionada en el espacio infinito y en el tiempo. Esto ha sido y será siempre así, es decir, que ocurre en el $\pm\infty$ tiempo. Debido a la interrelación entre la materia, ésta se presenta en distintas formas aparentes, las cuales **obedecen a una lógica evolutiva**. Por ello, es posible describir las formas en que se va presentando, es decir, **podemos saber cómo evoluciona el ente**.

Por otra parte, la evolución es un proceso de avance, y solo puede explicarse si transcurrido un tiempo determinado se repite el proceso evolutivo. Así pues, **toda materia está en un punto de la fase de evolución y toda materia pasa por todas las fases de la evolución, completando un ciclo**. Seguidamente comienza un nuevo ciclo que es exactamente igual al anterior y al siguiente.

Como el tiempo y la materia son infinitos y la evolución es una constante cíclica, puede decirse que la materia pasa infinitas veces por el mismo punto de la fase evolutiva. Así, por una parte, yo, que soy materia, entiendo que hay infinitos yo en este instante y, por otra parte, que han habido y habrán infinitos yo, puesto que el $\pm\infty$ supone pasar infinitas veces por el mismo punto de la fase evolutiva en el que estoy ahora.

Esquema especulativo del ciclo evolutivo de la Vida (ciclo reducido a la Tierra):

— **materia**: en el -400 millones de años. Materia inerte.
— **animal**: periodo que va desde -400 mill. años a -2 mill. años. En el transcurso de este periodo aparece la vida, que va evolucionando hasta formas complejas (el animal).
— **hombre mono**: periodo desde -2 mill. años a -10.000 años. El mono evoluciona hasta el hombre.
— **hombre técnico**: periodo desde -10.000 años a -70 años. El hombre va conociendo las herramientas.

— **hombre tecnológico**: periodo -70 años a +200 años. El hombre comienza a construir mecanismos, luego los robots, la comunicación por ondas y, finalmente, la biotecnología.
— **hombre máquina**: periodo desde +200 años a +1.000 años. El hombre construye la biomáquina, aunque ésta caerá en desuso y se impondrá una nueva raza, el hombre evolucionado.
— **hombre evolucionado**: periodo desde +1.000 años a +10.000 años. El hombre se lanza a vivir en el espacio, se alimenta de materia regenerativa y potenciadora de la inteligencia. Se hace inmortal.
— **humanoide**: periodo desde +10.000 a +2 mill. años. La adaptación del hombre al espacio hace que se altere su genética.
— **materia inteligente**: periodo desde +2 mill. años a +400 mill. años. Los humanoides no realizan actividad física, se vuelven autosuficientes e inmóviles, la genética los convierte en organismos amorfos e inteligentes y, finalmente,
— **materia**: +400 mill. años. Materia inerte. Fin del ciclo.

Se ha supuesto que el año 0 es hoy, pongamos el 2000 dJC. En cualquier caso, las fechas y duración de los periodos no son nada precisas, ni importantes para demostrar la teoría. A medida que se nos revelen más conocimientos, podremos ir detallando con más precisión las distintas fases del ciclo de la Vida, así como los periodos de duración de cada ciclo.

Al igual que el hombre actual ha descifrado el genoma humano, próximamente, el hombre evolucionado conocerá con todo detalle el ciclo evolutivo de la Vida.

El periplo de la Vida parte de la materia inerte, luego llega a la materia biológica, que es cuando surge el agua, el aire, la primera célula, los microorganismos, los organismos, los animales, el animal hombre. Ese hombre va conociendo la naturaleza y transformándola, luego son las máquinas quienes hacen el trabajo duro. El hombre aumenta sus capacidades con biotecnología y se lanza a la conquista del espacio. Se extiende por el universo, se adapta y surgen formas humanoides. El humanoide se vuelve estático hasta ser pura materia consciente, terminando en materia simple. Se completa así el viaje de la Vida.

Es importante conocer esto para la definición de Vida. La Vida es materia en todas sus formas, interactuando en el espacio y el tiempo. Esa relación entre la materia se puede observar por la energía despedida en sus distintas manifestaciones. La energía primaria es el movimiento. La materia está en el espacio, cambiando de posición constantemente. El movimiento (Ec) de las partículas hace que choquen entre sí y cambien de dirección. La proximidad entre ellas afecta a la trayectoria y genera otras energías como calor (Et), gravedad (Ep), electromagnetismo, etc...

Conocer esto significa entender. El hombre ha llegado a un punto de su evolución en que tiene suficientes conocimientos como para formular el ciclo biológico y aclarar el significado de Vida. Esto es un paso de gigante porque caen todas las teorías y conciencias y **nace una nueva realidad que se acerca mucho más a la verdad**. Si la verdad nos hace libre, hoy somos un poco más libres, porque somos más sabios, puesto que tenemos las respuestas más trascendentales.

Esa es la realidad que nos toca vivir. Es importante comprender esa realidad. **Comprender que somos Vida en una fase de la evolución**. Sin embargo, no os desalentéis por eso, porque la Vida es toda igual, esto es, Vida. Y el ciclo de la Vida se cierra, de manera que no hay nada que esté *por encima de*, ni *por debajo de*, sino que es como una circunferencia dibujada en un plano horizontal y tu posición en ella se determina por el grado de evolución, pero la distancia al centro es siempre la misma.

¿QUÉ ES LA VIDA?

La Vida es un conjunto de piezas que interactúan en el espacio y el tiempo. Son cuatro variables: materia, espacio, tiempo e interrelación.

Sin tiempo no hay Vida. ***Un paisaje no es Vida, Vida es un paisaje a cada instante***. Si solo miras el paisaje no ves Vida. Debes mirar el paisaje y tomar el tiempo que lo estás mirando, entonces, se te revelará la Vida. En el paisaje solo ves colores, en el paisaje con el tiempo ves cambios de colores y movimientos, ves Vida. Ves a la Vida, un todo que está vivo.

LOS CUATRO PARÁMETROS QUE DEFINEN LA VIDA

Cuando cambia una realidad, se puede retornar a la anterior, pero nunca volverá a ser la misma, sino otra similar. El tiempo es el encargado de diferenciarlas. Aunque la nueva realidad sea exactamente igual a la anterior, el tiempo es posterior. Sin embargo, para la Teoría Universal del Ciclo de la Vida, eso da igual, porque el tiempo solo es una unidad de medida para poder describir, paso a paso, la evolución de una cosa, pero no es la evolución en sí. No obstante, es uno de los parámetros fundamentales de la Vida, puesto que nos permite ordenar los sucesos.

Así pues, los parámetros fundamentales de la Vida son cuatro:

El qué — la materia
El cuándo — el tiempo
El dónde — el espacio
El cómo — la evolución

La Vida es materia en continua evolución en el infinito espacio y en el más menos infinito tiempo.

EL QUÉ Y EL CÓMO DE TODO

El qué es → el cuerpo → la materia → el hardware → circuitos y e^-.

El cómo es → el espíritu → el orden que tiene la materia → el software → la organización de los e^-.

Cuanto más evoluciona la tecnología, más se nos revela el misterio de la Vida. Imagino las próximas décadas y siglos en los que las máquinas cada vez se parecerán más los humanos y cómo, para que el humano no se quede atrás, éste ha de incrementar el uso de su cerebro y llenar más espacio del mismo. **Llegado el punto, la evolución será tal que no habrán terminales informáticos y toda la información se almacenará en el cerebro.** Y en cuanto a las máquinas, éstas serán de material bioquímico y sus cerebros tendrán toda la información. Será luego el momento de la fusión hombre-máquina. Posteriormente, sucumbirán las máquinas, pues, el hombre evolucionado es más fácil de reproducir y mejorar.

La materia en sí, es como algo físico que yace eternamente, el espíritu es el movimiento, la relación entre los elementos y su evolución en el tiempo. Reducimos así cada elemento a: *lo qué es + el cómo está*.

3. EVOLUCIONISMO. EL HOMBRE EVOLUCIONADO

3. EVOLUCIONISMO. EL HOMBRE EVOLUCIONADO

3.01. LA HISTORIA DE LA VIDA Y LA HISTORIA DEL HOMBRE

En medio de un paisaje único veo la mano del hombre que antecede a mi llegada. ***Tras ellos he quedado yo. Yo soy ellos hoy***. Por eso, en mi existir, veo que todos los que han estado siguen estando, pues soy el resultado de ellos, y aquellos que están por venir serán yo y ellos. Esto es posible si se cuantifica el tiempo, mi tiempo, el tiempo de aquellos y el tiempo de los que vendrán, que, en definitiva, es un único tiempo y que solo se puede medir al comprobar que la evolución es un hecho imparable. ***Si se para la evolución, también se para el tiempo***.

Existo, solo existo. ***Soy parte de la cadena, no hay más, solo soy existir***, no hay diferencia en eso porque existir es estar ahora y como existir es ser, entiendo que yo siempre existí, ya que ***lo que es no puede dejar de ser***. No es posible pensar en no existir, porque la Vida es una y eterna y todo lo que es, siempre fue y siempre será, solo que será según una forma evolutiva, así que yo soy ellos. Y aquí estoy, entendiendo todo esto. Mas entenderlo no me hace diferente, sino partícipe. Me tocó a mí entenderlo y así lo hice. Si había algún ingrediente para llegar, esa esencia se ha revelado y escrito está.

3.02. EVOLUCIONAR ES DEPREDAR

En cierto modo, evolucionar es depredar, toda vez que las interacciones entre los elementos dan como resultado otros elementos distintos.

En el mundo animal, y humano, la supervivencia depende del poder depredador del individuo. La debilidad acorta las posibilidades de sobrevivir. Se trata de vencer y no ser vencido, marcar el territorio, copular con los más aptos, acaparar riqueza y poder y conservarlo.

Así de desalentadora es nuestra naturaleza. Esta es la verdadera causa del porqué de todo lo que hacemos. **Siempre aspiramos a más**, un trabajo mejor, una casa más grande, un paisaje más idílico, unas relaciones más relevantes.

Partiendo de nuestro acomodo, miramos con cierto recelo a los que les va mejor y con cierto menosprecio a los menos agraciados. Es un camino de ansiedad y repulsión que sólo trae desgracia e infelicidad. Es un materialismo que te aleja de la virtud y del sabio proceder que se supone confiere la madurez. Escritos están los pecados capitales, entre los que destacan la soberbia, la lujuria y la codicia.

Como es una actitud, afecta a todo lo que pensamos y hacemos a cada instante. Mucho hay que huir, largo es el desierto a atravesar, para aplacar esta furia interior que se mofa hasta de nosotros mismos, por la que hasta el más grande emperador sucumbió. Es más, cuanto más grande, más depredador y, consecuentemente, más ansioso, degenerado y patético. Ni siquiera los religiosos escapan a tanto tormento y pecado, mas, casi todo en ellos es hipocresía.

— ¿Estamos perdidos, pues?.
—En realidad, nunca hemos dejado estarlo.
—Eso es desolador, es como decir que todo ha sido vano y equivocado.
—Es el sino de la Vida, la evolución no mejora el ayer.
—pero si el ayer fue nefasto, y hoy vemos la luz del camino, estamos mejor que ayer.
—No te alegres tanto, porque hoy ya está siendo ayer. Mejor mira al mañana, eso te dará algo de esperanza para que no sientas tanta repulsión por el ayer y por lo que ves hoy. Piensa que mañana se habrán superado todas las injusticias de hoy.
—Claro, mañana no habrá desahucios, hambre, guerras. Bueno, no todo se arreglará mañana, pero desde luego, sí lo hará en el futuro. Me alegra pensarlo, pero me siento frustrado por no poder contemplarlo.
—En cualquier caso, el mañana tendrá otras metas que superar. **La vida es un ciclo, de manera que, al final, ayer, hoy y mañana se juntan.**
—Bueno, en realidad no hay final, ya que el tiempo no se puede parar, y por eso la evolución es inevitable, así que el mañana volverá a ser hoy y así eternamente.
—Eso es, **evolucionar no es mejorar, sino avanzar. Se avanza hacia adelante, por lo que el hoy cambia para poder ser mañana.** Pero eso no quiere decir que mañana valga más que hoy, es, simplemente, el resultado de las interacciones ocurridas a lo largo las 24 horas de hoy. Si me apuras, reduciendo el tiempo, mañana es un segundo después que hoy, de modo que, pasado un segundo, todo ha evolucionado un segundo más.
—Sí, siempre más, nunca menos.
—En efecto.

—Además, no es un segundo más viejo, sino un segundo más avanzado. No obstante, aunque se va hacia adelante, no tiene principio ni fin, suma pero no parte de un principio.

—*El principio y el fin sólo puede aplicarse a un suceso concreto, no a la Vida, que es eterna e infinitamente grande.*

3.03. EVOLUCIONAR ES IR POCO A POCO

Para abordar cualquier problema hay que ir paso a paso. Dar un paso adelante y ver resultados. Si no funciona, dar un paso atrás, si funciona a medias, dar medio paso atrás, si va bien, dar otro paso adelante.

Esto es aplicable a todo lo que hacemos, en general, pasando por la política, la economía, las normas de convivencia, la tecnología, etc.

No se puede ir dando saltos, porque el resultado de un gran salto equivocado, en el mejor de los casos, deriva en un gran retroceso y, en muchos casos, en una nueva crisis o un nuevo orden de las cosas, de manera que nada volverá a ser igual. No obstante, el tiempo se encarga de ir, poco a poco, recobrando el equilibrio y la armonía.

Si resolvemos una cosa y estropeamos tres, hemos hecho más mal que bien, pasando de un mal a otro mal, en vez de un mal a otro estado menos malo. Por eso hay que ir con mucho tiento y pensar siempre en la proporcionalidad.

En relación a la proporcionalidad, podemos establecer que una decisión es suficientemente satisfactoria si contenta a más del 95% de la gente afectada. Si la satisfacción está entre el 75% y el 95%, es necesario retocar algunos aspectos para mejorar el porcentaje. Si contentará un porcentaje menor al 75%, es mejor no cambiar nada y dejarlo como está.

Poco a poco no quiere decir lentamente, sino con prudencia. En cambio, lentamente es síntoma de falta de eficiencia.

EL PROGRAMA

El programa es lo que metemos en la mente para afrontar las distintas facetas de la vida. Luego, en función de cómo se desarrollan esas facetas, se introducen pequeñas correcciones en el programa para mejorar su gestión.

Si miramos a nuestro alrededor, vemos gentes dispares con el programa totalmente destartalado y te dices "cómo se puede ir así".

El evolucionismo pasa por centrar el aprendizaje de ese programa para que seamos más iguales y más libres, eliminando toda clase de agravios comparativos, clasismos o complejos.

Los programas fallan y por eso no salimos del asombro cuando vemos determinadas conductas. Esto es abordado por la psiquiatría y psicología. Estas ciencias aún tienen mucho camino por recorrer para abordar los nuevos desequilibrios derivados de la era tecnológica. Lo cierto es que sus métodos y tratamientos son muy elementales y los resultados son muy cuestionables. La mente, es decir, el programa, es el gran desconocido. ¿Qué programa tiene una planta para desarrollar sus capacidades de fotosíntesis y de absorción de nutrientes?, ¿qué programa hizo la transición de planta a animal?, ¿qué ser tuvo el primer cerebro?. Ciertamente, lo físico, es decir, lo que es, parece más fácil de determinar que el programa, es decir, el orden que adopta lo físico.

DEL EVOLUCIONISMO Y SU TRASCENDENCIA

La importancia de lo que digo, a cerca del evolucionismo, está, no sólo en el conocimiento sino en que nosotros, al conocerlo, podemos dirigir mejor nuestras vidas hacia él. Lo que hará que sintamos que vamos por el camino correcto.

—¿Por qué?.

—Porque vivimos en un volcán de sentimientos y no sabemos con certeza lo que realmente queremos. Si los canalizamos hacia ese futuro, podremos dominar mejor esos sentimientos, eliminaremos unos, reprimiremos otros y desarrollaremos otros.

La humanidad tiene que experimentar este salto en la evolución. Se acaban los espacios grises, los impulsos y las burdas justificaciones. Ya no caben excusas, devaneos, psicosis ni rencores. Ha llegado la hora de avanzar, de alcanzar una conciencia clara de nuestro universo y de nuestro momento dentro del ciclo de la vida.

MÁXIMA PROYECCIÓN

El individuo ha de proyectarse más allá del límite de lo conocido para conseguir nuevos logros.

Ciertamente, como ocurrió con los grandes artistas, deportistas o científicos, es una vida de esfuerzos e ilusiones, de aciertos y fracasos, de suerte e infortunios. Igual hemos de proceder si queremos evolucionar.

Hay que proyectarse al máximo, revelándonos y negándonos a ser solamente lo que quieren que seamos, y reafirmándonos y corrigiéndonos para **ser lo que alcanzamos a ver que podemos ser**. No importa que te digan que desafinas, si sigues esforzándote, terminarás por no desafinar, y ya nunca más volverás a desafinar, porque habrás aprendido lo justo y necesario para no hacerlo.

Revélate contra tu destino, contra lo que eres y contra lo que dicen que eres. **Oponte a todo lo que ves mal y haz de ti un nuevo ser, un ser más evolucionado**. Así, llegado a ese punto, alégrate, porque eres como quieres ser, porque te acercas al cómo hay que ser. No te encasilles, no te posiciones, porque si lo haces, quedas parado y dejas de evolucionar.

3.04. EVOLUCIONANDO

Quien entienda habrá de ir el último. No porque haya una norma que lo diga, sino porque lo sabrá cuando llegue ese momento. Has de ir siempre cediendo el sitio, dando paso, ayudando a los justos y contrariando a los listillos. Dirá *"**yo no soy vuestro enemigo, yo no compito contra vosotros**"*.

La luz que vio Nostradamus, tras la gran guerra, bien pudiera ser una predicción de la llegada del hombre evolucionado, **el hombre que entiende**.

Ahora todo es primitivo, somos monos con traje. Nuestros gestos y movimientos y el proceso de pensar están en una fase tan primaria que apenas podemos controlarla. La mayor parte de nuestros actos obedecen a la parte inconsciente de nuestra mente, y somos incapaces de trasladarlo a lo consciente para que nuestra acción sea completamente voluntaria. **Somos unos sin razón que luchamos por tenerla**.

En el orden social, para avanzar, habremos de dejar atrás el comunismo, que solo fábrica esclavos, y el capitalismo, en el que conviven esclavos y verdugos, y desarrollar un nuevo sistema social en el que cada individuo sea en sí una institución.

EVOLUCIONAMOS AL CRECER

Crecemos con la idea del cómo hay que ser, en función de cómo vemos que son los demás.

Parecemos una cosa y tendemos a ser otra cosa, y sin dejar de ser lo que parecernos, evolucionamos hacia la otra forma.

MI INCOMPLETA OBRA

Yo puedo decir: *"mi obra soy yo"*, y estar en lo cierto. Pero igualmente de cierto es que mañana otro llegará cuando yo ya no esté y dirá *"mi obra soy yo"*, y su obra será más completa que la mía.

Así que, mi obra, por más que me esfuerce, solo podrá ser grande hoy, porque la evolución siempre va en el sentido de avanzar, y por ello, **mañana habrá otra obra que hará de ésta, la mía, un obra incompleta**.

ELLOS SERÁN PORQUE NOSOTROS SOMOS

No nos sintamos obligados a complicarnos la existencia, esforzándonos sobremanera al saber que los que vendrán serán más evolucionados, porque ellos serán de esa manera porque nosotros somos ahora de esta manera.

No obstante, es importante saber algo de ese mañana, pues, nos ayudará a resolver algunos asuntos de hoy. Porque los problemas de hoy no serán los de mañana. **Los problemas de hoy son las desigualdades, la violencia, el hambre, el descontrol de la natalidad, etc**. Mientras, algunos se empeñan en viajar a Marte o en desarrollar tecnología armamentística, obviando que no existe un plan de desarrollo sostenible que garantice a todos y cada uno de los humanos una vida digna. Cierto que esa curiosidad por saber del mañana es la que nos lleva a intentar llegar a Marte, pero ese es un problema del mañana, mientras que lo que sí resulta provechoso es atisbar que la violencia no tendrá cabida en el mañana. El hombre evolucionado no será violento, porque eso es propio de hombres primarios, hombres mono con traje.

LA HERENCIA

La evolución es incuestionable y unidireccional. Lo pasado causa nostalgia, pero no todo desaparece, a veces solo cambia la apariencia y otras veces, advertidos del error, reaparece.

El pasado solo es interpretable tras un análisis profundo y objetivo, y en todo caso, solo llegaremos a una aproximación de esa realidad. Pero **el pasado solo vale al presente para aprender**, para evolucionar. No hemos de verlo como algo torpe y simple, pues, ha habido mucha gente simple y sabia a lo largo de toda la historia, desde los que se limitan a un entorno local y a lo circunstancial, hasta los que se aventuran a conocer todo lo que ansía su infinita curiosidad. A estos últimos debemos los avances.

La evolución tiene dos ritmos, el de la comunidad científica y el de la sociedad. Primero se diseñan los modelos y luego se comercializan. Solo percibimos evolución cuando la tecnología forma parte de nuestra vida cotidiana. Estos nuevos medios adquiridos exigen de una preparación y poco a poco van cambiando nuestros hábitos.

El panorama mundial es un tanto desolador, hay muchas desigualdades entre las distintas comunidades, pero se impone la globalización y comercialización de los productos en todo el globo, y dado que se comercializan las últimas novedades, las sociedades más primitivas dan el salto a la modernidad en una sola generación.

Pero no todo es materialismo. El individuo se prepara y se adapta a las nuevas tecnologías, al tiempo que asimila el paso de lo primitivo a lo moderno y comprende que muchas creencias, especialmente las religiosas, aún se sostienen en el desconocimiento de hechos que ya han sido resueltos por la comunidad científica.

El desconocimiento es como una sombra en la mente, que se suple con Dios. El evolucionismo reduce este concepto a mito o explicación metafísica de lo que el hombre no alcanza a comprender. Ciertamente, el egocentrismo del hombre le lleva a creerse especial, diferente y mejor, mas no lo es para la Vida.

El salto de no comprender a comprender es importante para la realidad existencial del hombre, pero es insignificante para la existencia, pues existe igual. Luego, somos perfectamente prescindibles. No obstante, la existencia nos ha puesto ahí, en un punto de la evolución, de modo que somos eso, materia en un punto de la evolución. De la misma manera, somos parte inseparable de un todo.

DESDE LA POLÍTICA

Desde un punto de vista político, podríamos decir que el evolucionismo es una doctrina cuyo objetivo es la reforma total de las estructuras socioeconómicas para agilizar el proceso evolutivo que lleve a los humanos a entrar en la era del hombre evolucionado en un plazo razonable, distanciándolo así del peligroso hombre mono con traje.

Se trata de perfeccionar todos los procesos, en especial en educación y investigación. Pero actualmente, esas inversiones son muy poco eficientes, sobre todo en los siguientes capítulos: en los bienes se da más preferencia al diseño que a las necesidades reales (ejemplos: se fabrican muchos modelos de automóviles cuando se podría hacer un único modelo para cada gama; se levantan monumentos y mausoleos solo para contemplarlos cuando tenemos todo el paisaje para deleitarnos). Otro capítulo es el de la cultura de entretenimiento para llenar el tiempo de ocio. Es una actividad muy reciente y que aumenta sus cifras proporcionalmente al aburguesamiento social, hasta el punto de que cuanto más burgués se es, más tiempo y dinero se dedica al ocio (destaca la cinematografía, el arte, el deporte y los viajes). Son actividades que no aportan absolutamente nada a la cultura evolutiva. En tercer lugar está el gasto militar, cuyo único fin es conseguir beneficios sobre otros territorios, mediante la amenaza de guerra o la guerra misma. Otro caso, más reciente aún, es la inversión medioambiental, la cual crece de forma desorbitada en los países más aburguesados y que habría que contener trasladando la responsabilidad a los que dañen el medio.

El mundo del hombre evolucionado es uniforme, no hay desequilibrios entre comunidades ni entre individuos, solo hay diferencias en las funciones o actividad que desarrollan, pero no hay diferencias de estatus socio-económico. Por aproximación, es **una sociedad formada únicamente por aristócratas**, mientras que la actual es clasista (obreros, burgueses y aristócratas). **En el futuro no habrá religiones, ni fiestas, ni fronteras, ni ejército, ni policías, ni monumentos.** En definitiva, en el futuro se promueve el desarrollo prescindiendo de la rivalidad y por tanto, de las diferencias, dado que generan desigualdades e injusticias. Al mismo tiempo, es una sociedad que vive en el espacio y que ha aprendido a respetar las leyes de la naturaleza, incidiendo lo menos posible en la alteración del medio, entre los que destacan los animales y las plantas, por ser seres biológicos.

EL FIN DE LA PAREJA

La vida en pareja parte de un fin reproductor y se sostiene a lo largo de una vida por el beneficio de tener compañía y apoyo económico y social. En la actualidad, el objetivo de procrear pierde relevancia frente al rol de tener compañía de forma permanente. Tal es esto, que las personas sin pareja sufren cierta exclusión social y son tachadas de raras y poco sociales.

El enamoramiento es, pues, el resultado de dirigir todas tus expectativas de tener pareja hacia una persona concreta. Si hay correspondencia, se desencadenan multitud de pensamientos y gestos que podría asimilarse a lo que ocurre entre dos cargas de distinto signo.

El protón y el electrón se atraen y se unen formando un nuevo elemento, el átomo. Sin embargo, nunca dejarán de ser lo que son y, en ocasiones, la relación puede romperse, normalmente por la influencia de otros átomos o partículas libres. La rotura puede hacer que queden libres o que vuelvan a formar otros átomos. Curiosamente, en la atmósfera terrestre hay pocos elementos libres, pero **en el universo, lo normal es que viajen libres en forma de plasma** (H^+, e^-), en un relativo estado de equilibrio, sin que se unan.

Como puede verse, el símil se asemeja tanto que puede explicar las conductas humanas sin necesidad de entrar en detalles sobre el psique. Esto es porque *la naturaleza está viva y obedece a leyes universales, de manera que el tener o no cerebro no altera en nada dichas leyes*.

La prueba de que la formación de parejas comienza a ser un fenómeno más social que biológico lo vemos en cómo prolifera y se generaliza la formalización de parejas del mismo sexo y se engendran o adoptan niños sin padres. Sin embargo, estos son los primeros síntomas de la desaparición de la vida en pareja como norma social.

Hoy se procrea, más que por necesidad vital, por la propia dinámica social de pasar de ser hijos a ser padres. La práctica sexual está prácticamente desligada de la procreación, y se realiza tanto por necesidad como por resultar placentera. El siguiente paso evolutivo será la nula procreación mediante el sexo, así como la desaparición del sexo y la sexualidad.

Finalmente, en una sociedad muy avanzada en la que la esperanza de vida sea indefinida y la procreación sea por medios artificiales, las relaciones serán muy diferentes y, con toda seguridad, no serán de pareja, sino de *"uno con el resto"*. En realidad, la procreación será prácticamente nula, ya que no existe la necesidad vital de engendrar más humanos, ni interés alguno por aumentar la población.

ALGUNOS PASOS

Imaginemos que estamos siendo visitados por seres extraterrestres. Lógicamente, dada su capacidad de navegación, están más evolucionados que nosotros. Esto nos da pie para teorizar acerca de cómo son, como viven y como piensan y se comunican.

Al desarrollar estas teorías estamos acelerando nuestro proceso evolutivo. Estamos vislumbrando los cambios que se irán produciendo en todos los aspectos. Si desglosamos algunos de estos campos tenemos:

—Filosofía, ética, religión: debemos entender que el ser del mañana conoce el hoy y el ayer y nosotros solo el ayer. Un mayor conocimiento supone nuevos planteamientos o una revisión de los ya existentes, aunque hay planteamientos que son afines y no admiten más juicio (como la geometría). Por el contrario, la religión será desmitificada y quedará relegada a la parte de la filosofía y sociología que ayuda al ser social a renunciar al ego, la codicia y la violencia.

El origen y naturaleza de los seres vivos se explicará como resultado de un proceso evolutivo y cíclico en el que la materia se presenta de múltiples maneras siguiendo la lógica de las leyes físicas.

La ética-sociología será un conjunto de normas de convivencia y comportamientos del grupo, en orden a la correcta organización, al respeto individual y la supervivencia del colectivo.

—Tecnología: automatización, mejores herramientas y equipos, más seguridad y control de utilización y menor impacto ecológico en el entorno. La formación y preparación técnica se generaliza. Al necesitarse menos mano de obra, se amplía la política social para dar cobertura a las necesidades básicas.

—Salud: ya estamos viendo avances en el cultivo de células, órganos, clones,…. La biotecnología supondrá un aumento progresivo de la esperanza de vida. También aparecerán técnicas para aumentar el cociente intelectual.

Imaginemos que los superdotados llegan hasta 180 (recuerdo una chica que a los 16 años se pasaba el día en el museo del Prado pintando, al tiempo que estudiaba 3 carreras universitarias y más recientemente, un niño de 9 años que completaba los estudios de ingeniería eléctrica en 9 meses). Si el ser evolucionado alcanzara los 300, no nos es posible imaginar cómo será su mente. A su lado seremos unos seres torpes e ignorantes, un eslabón intermedio entre el mono y el hombre evolucionado.

Un cociente intelectual de 300 eliminará las emociones, el estrés, el cansancio. Se trata de aumentar la velocidad de grabar datos y resolver incógnitas. Si un Ci de 100 es normal, con esfuerzo puede alcanzarse 120 y con agotamiento bajará a unos 80. Si esta banda la aplicamos a 300, oscilaría entre 320 y 280, lo que permitiría que en estado de reposo el rendimiento sería aún muy elevado.

—Educación: visto lo anterior, toda nuestra tecnología no pasaría de ser una asignatura de 1º de bachiller. Hasta que se conozca la forma de incrementar el cociente intelectual, la educación consistirá en ir mejorando las técnicas educativas y diversificar mediante especialidades, para así poder controlar la cada vez más compleja maquinaria.

—Política: habrá desaparecido por innecesaria. El sistema se regirá por una estructura piramidal con planos y nudos. El número de planos será reducido y el de nudos mucho más numeroso. La tarea del plano superior será la I+D+i, los planos intermedios serán los encargados de la operatividad y el plano inferior el de la formación y preparación.

Para ocupar un puesto deben superarse unas pruebas únicamente relacionadas con la tarea a desarrollar. La duración en dicho puesto es temporal y se renueva superando una nueva prueba. Es como una validación, continuamente hay pruebas de todos los nudos, una vez superada obtienes una autorización que caduca a los 5 años.

Imaginemos ahora que somos seres evolucionados. Vivimos en una gran nave. La energía la obtenemos del sol. La alimentación es sintética, almacenamos mucho alimento concentrado. Nos dedicamos al control de los sistemas, aunque son prácticamente autosuficientes, por lo que, más que trabajar, viajamos en una ruta cíclica y recopilamos datos de los cambios producidos.

Mientras, la Tierra es un planeta del sistema solar, en el que surgieron organismos vivos hace 40 millones de años y donde hace un millón de años aparecieron los humanos. Esta especie ha evolucionado, especialmente en los últimos 200 años. Actualmente desarrollan automatismos elementales y comienzan a dar los primeros pasos en la biomecánica, la clonación, las fuentes de energía y hacen cortos viajes espaciales. El planeta corre cierto peligro en este momento por la fabricación y uso de tecnología nuclear y bioquímica con fines violentos, ya que su sistema organizativo se basa en la división territorial, cada cual con su idiosincrasia, su gobierno y su potencia militar con capacidad destructiva para defender sus fronteras y ejercer presión sobre el resto de territorios.

El desarrollo social es muy desigual entre los distintos territorios, habiendo también grandes desigualdades en el seno de la misma organización. No se prevé una sociedad uniforme hasta dentro de — estimación personal — un siglo, y aún habrán de pasar unos dos siglos para una sociedad global, sin fronteras.

La población es excesiva, para una supervivencia sostenible debe reducirse a unos 300 millones de habitantes (en la actualidad supera los 8100 millones). La esperanza de vida aumenta, aunque aún no se ha desarrollado debidamente la tecnología de las células madres y otros compuestos regenerativos, que será cuando ésta aumente exponencialmente.

Siguiendo con la misma línea imaginativa, mi civilización va 10.000 años por delante. No alteramos los hábitats existentes y procuramos pasar desapercibidos ante los seres menos evolucionados. Si bien, el universo está lleno de civilizaciones y la nuestra es una más. Hay otras civilizaciones que nos superan, aunque hay una serie de saltos evolutivos, como escalones de conocimiento en los que se encasillan civilizaciones parecidas. Es como lo que ocurre entre plantas y animales y entre animales y humanos. No hay estadios intermedios. Una vez que el humano usa las manos, todos los humanos las usan y aprenden. Nosotros ya no somos humanos, sino humanoides. Creo que hay una civilización superior en la que se prescinde del cuerpo y otras aún superiores que enlazan con la materia inerte, cerrándose así el ciclo de la Vida, que no es otra cosa que materia.

REFLEXIONEMOS SOBRE DÓNDE ESTAMOS

De todo lo que contiene esta obra, hay algo que por puro ego, se nos quedará incrustado en nuestra mente, y no es otra que la expresión: "hombre evolucionado". **El nuevo hombre que reinará sobre la tierra y eliminará toda huella del hombre mono con traje.** Aunque he definido a los actuales humanos como hombres tecnológicos, también he aclarado que los cambios experimentados solo son tecnológicos y no sociológicos, por ello, la definición de hombre mono con traje sigue teniendo vigencia.

Esto generará cierta preocupación general e individual. ¿Soy un hombre mono con traje o soy un hombre evolucionado?. ¿De quién estoy más cerca?. ¿Qué cosas he hecho hoy que pueden parecerse a los hombres evolucionados?. ¿Cómo funciona mi cabeza?. ¿Qué capacidad de control tengo sobre mi entorno y sobre mí mismo?.

Me imagino la ansiedad que esta reflexión puede ocasionarnos. Cómo andaremos de un lado para otro corriendo para intentar subirnos al tren del hombre evolucionado y cuán lejos parecemos estar. Y sin embargo, el hombre evolucionado ya está llegando, pero nos llega por fascículos, y de estos, apenas asimilamos los tecnológicos. Por eso doy el ejemplo de los místicos, porque ellos sí llegaron a ese nivel de entendimiento y control, a través de la subordinación a su Dios y la renuncia a la vida social y materialista.

Esa es precisamente la reacción que busco con este libro. Se trata de poner en un aprieto al hombre actual para que se autoexamine y vea si está más cerca del mono o del hombre evolucionado, o de Dios. En cualquier caso, quien esté cerca de Dios también estará cerca del hombre evolucionado.

Si miramos lo que no hacemos bien y sus consecuencias, podremos adelantarnos y corregir hoy lo que mañana no tendrá aceptación. Esto nos ayudará a acercarnos al hombre evolucionado, y contribuirá a mantener un equilibrio psíquico aceptable, lo cual, es muy de agradecer en esta época de continuos cambios y avances y que con relativa frecuencia sentimos que sobrepasa nuestra capacidad de asimilación y respuesta.

¿Qué le sobra al hevo que al hombre mono con traje le es vital para evolucionar?

—el cine, la música, el baile, el diseño y el resto de artes.
—el deporte, el ocio.
—la religión, la política.
—el sexo, los celos.
—la rivalidad, la mentira.
—la violencia.
—el trabajo artesanal.

En resumen, aparte del esfuerzo intelectual inherente al existir, le sobra casi todo lo demás.

EL HOMBRE DEL FUTURO

El hombre tecnológico en su avance hacia el hombre evolucionado es nuestro hombre del futuro.

No valen todos los esquemas mentales actuales para ser un hombre del futuro, habrán de sustituirse muchos y reformar casi todos los demás. Así, hemos de caminar hacia:

—La armonía existencial basada en **la comprensión de en qué punto de la evolución del ciclo de la materia estamos**. Reconocer los conceptos de repetición del ∞ en el espacio y el tiempo (estamos repetidos, siempre lo estuvimos y siempre lo estaremos).

—El hombre que sabe ser consecuente con el resto, con los hombres mono, los hombres tecnológicos y todo el periodo evolutivo que hay entre ellos.

—***Pequeñas correcciones*** en las formas, modos, reacciones, opinión, criterios sobre temas sociales, lugar donde se reside, tiempo de ocio, mensaje a transmitir, rendimiento en el trabajo...

—Búsqueda de vías para conseguir aumentar el espacio consciente del cerebro (aumentar el cociente de inteligencia). Se me ocurren experimentos como ir a un lugar silencioso y estimular la memoria para hacer que rememore cosas recreando imágenes y sonidos, o hacer un repaso en el tiempo de algún aspecto o cuestión determinada, o simplemente intentar recordar todos los conocimientos adquiridos de una materia estudiada.

EL MONO, EL HOMBRE MONO Y EL HOMBRE EVOLUCIONADO

El mono, el hombre mono y el hombre evolucionado, son el mismo ser en tres momentos distintos de la evolución. Tienen diferentes poderes o cualidades.

Cada uno en su terreno vencería al otro, pero el más evolucionado tiene más medios para vencer. A fuerza bruta ganaría el gorila, con armamento ganaría el hombre mono y con la capacidad de detección ganaría el hombre evolucionado.

El homevo es indetectable para los otros (debido a su tecnología). El hombre mono es un destructor de masas (mediante el uso de bombas). El mono es un animal agresivo (tiene una gran fortaleza física y agilidad). Ved que a mayor fortaleza mayor agresividad y descontrol y menor inteligencia. Por el contrario, el homevo es pura inteligencia, lo que le permite anticiparse a los movimientos de los otros. Mientras, el hombre mono es un ser intermedio que combina fuerza, agilidad y tecnología básica. El campo de acción del mono es la supervivencia alimentaria y de su familia. El hombre mono amplía todo lo que puede su poder, tanto a nivel individual como colectivo, lo que aumenta su capacidad depredadora aún más. En cambio, el homevo ya ha dejado atrás su afán depredador porque reconoce haber llegado al final de estado evolutivo del hombre y equilibra sus altas capacidades con la significancia del existir.

El homevo ya no necesita medallas, retos o esfuerzos para conseguir algo. De hecho, las siguientes fases evolutivas lo hacen cada vez más estático, insensible, acercando sus formas a la materia, aparentemente, inerte a nuestros ojos actuales.

Pero, ¿cuál sería el motivo para que se produjera el enfrentamiento?. El mono lo haría sin contemplaciones, nada más verlos, para defender su territorio. El hombre mono para defenderse o para dominar. En cambio, **el hombre evolucionado evitaría el enfrentamiento al haber superado el ego**.

No valen las pistolas contra una mente que supera a la tuya. Porque el homevo te ve a ti y a tu mente, mientras que tú, hombre mono, aun viéndolo, no puedes encajar eso que ves.

A propósito de la mente influyente, no concibo el gobernar otras mentes, porque va contra la libertad individual. Se han escrito y puesto en escena muchos relatos sobre seres superiores que controlan la mente de los humanos, pero se versionan desde el punto de vista humano y nos falta la versión del ser superior. Desconocemos la concepción de las mentes de los seres superiores, de la misma manera que los animales apenas pueden entender al hombre. En cualquier caso, la maldad del hombre hacia los animales no es extrapolable a seres más evolucionados, toda vez que ya el hombre actual está comenzando a corregir esta conducta cruel y dominadora hacia los animales, tanto con legislación punitiva como por la creciente concienciación social sobre el trato adecuado al resto de seres animales y al medio, en general.

Así que el homevo no utilizará al hombre mono porque su conciencia ha evolucionado mucho más que la nuestra en el respeto a todos los seres que existen, independientemente de la fase evolutiva en la que se encuentren. Al igual que apenas somos capaces de imaginar las capacidades del homevo, tampoco podemos imaginar el respeto que tiene hacia su entorno. No obstante, si dibujamos un gráfico con la tendencia actual, podremos comprobar que la línea resultante asciende de manera constante.

El respecto al entorno nos ofrece un dato interesante que puede confirmar las grandes diferencias físicas y psíquicas que hay entre nosotros y el homevo. Su aspecto, sus movimientos, sus gestos y su modo de comunicarse serán muy diferentes a los nuestros.

3.05. DUDOSA EVOLUCIÓN

Solemos vivir con unos planteamientos y modos, acordes con los tiempos presentes, y con algunos recuerdos del pasado. Somos un saco de sentimientos y nostalgia que tienen su origen en sucesos del presente y otros acontecidos a lo largo de nuestra vida, respectivamente.

Sin embargo, este modo de vida será visto en el futuro como una época de miseria, sufrimiento e injusticias. Imaginad un futuro cercano con una población estable, con una esperanza de vida de 300 años o muchos más, en el que la tecnología y la informática lo controlan y hacen todo. Una era en la que los humanos se centran únicamente en capacitarse para supervisar los medios de producción, mientras, los más destacados son los encargados de investigar e innovar las máquinas. Una época en la que la clase política y los gobiernos han sido sustituidos por una sola estructura o cadena organizativa, en la que para acceder a cualquier puesto de trabajo habrá que superar unas pruebas y presentar periódicamente los resultados de la actividad realizada. Una sociedad abastecida donde no hay acumulación de riqueza en manos de unos pocos, ya que no existen propietarios, sino que todos son únicamente usuarios. Se puede estar dentro o fuera del sistema, pero no ser propietario de él.

Ciertamente, comenzamos a descubrir ese sistema. Costará llegar, porque la sociedad es muy heterogénea y desigual. **Es tal la precariedad de nuestro sistema que ni siquiera tenemos garantizados los alimentos y no digamos la seguridad o el trabajo.**

Por eso, no conviene oír campanas y mejor será hacer caso del *"no os preocupéis por el mañana y dedicaros a lo de hoy"*. **Todos desearíamos vivir en ese futuro más justo, igualitario y evolucionado**. Resulta esperanzador saber que llegará, incluso nos alivia de la tremenda frustración y decepción que padecemos por cómo son los tiempos que corren. También es un consuelo saberlo, porque eso significa que tenemos entendimiento y podemos atisbar cómo será nuestro modo de vida en el futuro, y también por qué no ha sido así en otros momentos de la historia.

Es una cuestión evolutiva. Pero también conviene saber que alguien como **Jesús puede ser calificado como un ser evolucionado, aunque haya vivido en un entorno de barbarie**. Por eso no lo comprendían. Su mensaje no podía ser encajado por aquellos que tenían algún poder, ni por los que ansiaban tenerlo, sino tan sólo por los que aceptaban el martirio a cambio de defender la verdad última (que es la explicación de la existencia). Cierto es que parte del mensaje resulta simbólico, pero era el lenguaje de la época. Y otra parte estará manipulado. Mas, no puedo, por muchos errores que contenga, sino aceptar que fue de buena fe. Ese lenguaje aún se utiliza en la actualidad, y lamentablemente se utiliza mal, porque no se sabe interpretar, generando con ello gran controversia y escepticismo. Porque, aún en estos tiempos, la Iglesia centra el cristianismo en la resurrección y el poder de Dios, en lugar de renovar el lenguaje y hablar de la continuidad de la Vida, de la transmisión del conocimiento y de la eterna dinámica evolutiva de la propia Vida.

Basta con contabilizar la cantidad de energúmenos con los que nos tropezamos cada día para comprender que aunque hay personas evolucionadas, son una minoría. Porque, **solo quien ahonda para entender puede evolucionar**. Y aun yo, por más que me confino y dedico a esto, es tal el desfase con los que me rodean que para evolucionar mínimamente, debería alejarme y dedicarme en exclusiva a seguir ahondando, viviendo y bebiendo de esta fuente. Y aun así, el resultado sería incierto, toda vez que nada se sostiene eternamente, y por ello, ***la verdad es relativa, pues varía en función del conocimiento y la capacidad de discernir, amén de que hemos de superar el ego para ser objetivos en el análisis y las conclusiones.*** *Porque apenas salgo a la calle me siento agredido por una cantidad ingente de insultos, ofensas, ruidos innecesarios, odios y recelos, aunque, repito, buena parte de las molestias son acrecentadas por mi propio ego, que tiende a excluir al resto. Todo esto altera mi comportamiento y contamina el esquema mental evolucionado, volviéndolo caótico y rudimentario.*

Es evidente la falta de evolución, y por tanto, es igualmente lógico que en el futuro no habiten este tipo de personas. Del pasado quedarán los ejemplos de las conductas inadecuadas, pero también de las evolucionadas, como la de Jesús y algunos otros. Pues estas últimas siempre serán válidas y serán consideradas como las verdaderas impulsoras de la evolución humana.

Conviene diferenciar la evolución humana de la evolución de los medios tecnológicos. En lo tecnológico, los avances son muy evidentes. De la revolucionaria rueda al uso de las ondas electromagnéticas han transcurrido unos 5500 años, pero parecen muchos más, sobre todo por los avances de los últimos dos siglos. Si bien, todo el desarrollo se apoya en unos pocos inventos, de los cuales derivan el resto. Estos inventos podrían resumirse en: el fuego y la cerámica (su utilización, dependiendo de la región, está entre 1,5 millones y 60000 años), el arado y los metales (entre 10000 y 3000 años), la rueda (5500 años), la imprenta (1500), la electricidad, la pila, el generador eléctrico, la máquina de vapor y la vacuna (190-200 años), el teléfono, las ondas electromagnéticas y la bombilla (140 años), el avión (110), la computadora (80 años), internet (60 años).

El salto tecnológico es casi inimaginable. Para alguien del siglo XVIII es ciencia ficción y para quien viviese en el XV, sería brujería. Sin embargo, **en lo cognitivo conductual, *los humanos han sido y siguen siendo animales depredadores*.** Inicialmente vivió en estado salvaje, sin apenas diferencias con otros depredadores. Luego se agruparon en aldeas y ciudades, surgiendo lo que ha venido a denominarse la civilización. El agrupamiento obliga a establecer un conjunto de reglas de convivencia. Reglas que justifican el imperialismo, el feudalismo, la esclavitud, la democracia y la dictadura, el capitalismo y el comunismo, etc. Paralelamente, las religiones son parte esencial de las civilizaciones, llegando a ser la base para definir una civilización concreta, ya que contienen las reglas éticas y morales comunes a todos sus súbditos, más allá de un pueblo o reino concreto.

Lo que sí parece evidente es que las relaciones humanas son igualmente conflictivas, se esté en el 5000 a.C. con un arado o se esté en el 2020 navegando por internet con un Smartphone. El imperialismo sigue vigente, al igual que las dictaduras, la violencia, los abusos, las ofensas, la esclavitud y muchas otras injusticias. En definitiva, hay un invento para comunicarse en tiempo real con alguien que está a miles de kilómetros, pero no hay nada nuevo para acabar con las injusticias, salvo la ley. Pero la ley nunca acaba de ser totalmente justa, y lo peor, habitualmente se infringe para obtener algún beneficio personal. Y si la ley tiene sus limitaciones, los funcionarios que velan por su cumplimiento dejan mucho que desear, pues son igual de corruptibles que el resto de los mortales.

Sorprende la facilidad con la que asimilamos la tecnología frente a la gran dificultad de avanzar en lo ético y moral. Si la unidad de medida fueran escalones, la tecnología ha subido 5000 peldaños, mientras que la sociedad solo ha subido una media de 50. En efecto, en lo social hay que hablar de la media, ya que mientras algunos humanos han subido 10 veces 50, otros, por el contrario, han bajado hasta el mismísimo infierno.

Cómo es posible tal desfase. Pues la explicación es bien sencilla. Resulta que **no es tanta la evolución de la que alardeamos. La asimilación de la tecnología sólo demuestra que tenemos memoria para aprender y repetir procesos sistemáticos realizados**, principalmente, a través de las manos, la voz y el oído. Pero **la conducta requiere unas capacidades más complejas, pues debe enfrentarse a nuestros instintos depredadores**, a nuestro insaciable ego, basado en dominar y no ser dominado, el cual, sigue siendo similar a otras especies animales. Tal es esto, que **nuestra conducta, en general, ha degenerado. De manera que los humanos somos mucho más depredadores que el resto de animales**. En efecto, las civilizaciones y la tecnología han incrementado nuestra capacidad de dominación, y como cualquier otro animal, hacemos uso de ella. Peor aún, al estar unidos en grupos sociales, nuestro poder se multiplica, resultando aún más letal.

Cambian las tareas, las palabras, los vestidos y los entretenimientos, pero no cambia el mecanismo interno con el que razonamos. **Nuestro proceder es el mismo, el "pecado original", es el mismo**. Las *"buenas y malas"* personas, el egoísmo, la corrupción, la violencia, los abusos, el engaño y los vicios siguen dibujando cada paso que da el hombre. En ese sino, cada adelanto tecnológico es usado tanto para fines productivos y de bienestar, como para fines bélicos y de dominación.

En cualquier caso, **la tendencia natural es a que todo tiende a homogeneizarse**, por lo que es solo cuestión de tiempo que la estructura social sea única y uniforme. Hay quienes la promueven y serán llamados evolucionados y hay a quienes les puede más el egoísmo y se aprovechan, a estos llamaremos energúmenos o seres abominables.

Así, tenemos una sociedad que pelea con unos patrones basados en el egoísmo y unos medios tecnológicos y normativas en continua evolución que, necesariamente, llevarán a una sociedad de estructura única con unos humanos cambiados por esos medios. Al mismo tiempo, hay una minoría de humanos evolucionados que impulsan esos cambios basándose en el entendimiento. Entendimiento que alcanzan tras someterse a correcciones que eliminan en gran medida el carácter egoísta.

Podría decirse que en algún momento del futuro los humanos alcanzarán entendimiento, porque será la única vía integradora posible, y no habrá fisura o resquicio para que el egoísmo campe a sus anchas. Será también el momento de la historia en que hombre y la máquina se confundan.

Por eso, no hay que desanimarse en el presente, porque podemos llegar a un punto de entendimiento desde las pequeñas correcciones, adquiriendo sabiduría en la comprensión de la Vida, como lo hizo Jesús en tiempos remotos; tiempos aún más injustos que los de hoy. Él eligió sabiduría y fue ajusticiado y muerto por afirmar que *entendía como había que ser* y lo que era la libertad y la justicia frente al sometimiento y los abusos.

NO SE PUEDE RECONSTRUIR CON LAS MISMAS PIEDRAS

Cuando hablo de cómo llegará el hevo o cuando hablo de evolucionar descartando lo inútil, lo que trato de demostrar es que **cuando un muro se cae no puede ser reconstruido con las mismas piedras que cayeron**.

El nuevo muro requiere nuevas piedras, piedras que no presenten los mismos defectos que aquellas que se cayeron. Si lo reconstruimos con las mismas piedras se volverá a caer, pues, se trata de un muro similar, y tendrá los mismos problemas de estabilidad.

Decía <u>Einstein</u> que "*no podemos pretender resolver un problema con las mismas ideas que lo crearon*". Me atrevo a añadir que **las personas que generan los problemas no suelen ser las mismas que las que los solventan**.

Decía una canción que "*aquí cabemos todos o no cabe ni Dios*". Una utopía que lleva al caos y a la autodestrucción si no hay reglas de convivencias. El hecho es que si caben todos los delincuentes, no cabe siquiera un manso, y al contrario, donde reina la paz y la armonía caben todos los mansos, pero no cabe siguiera un violento. Evidentemente, estamos tratando con los extremos, y a buen seguro, caben incluso más de los que hay, pero muchos están de más. Sobran porque atentan contra los demás, porque crean problemas, ofenden y asesinan.

Pero tampoco podemos ser unos radicales apocalípticos, *"quien esté libre de pecado que tire la primera piedra"*. Así que son muy pocos, por no decir ninguno, los que tengan la suficiente grandiosidad para ser capaz de separar a los justos de los tiranos.

La evolución es lenta, mucho más lenta de lo que pudiere parecer. La técnica evoluciona a pasos agigantados, aunque no tanto la ciencia. La tecnología está al alcance de casi todos. Hasta los habitantes de poblados rudimentarios, más propios de la prehistoria, tienen la posibilidad de tener un Smartphone. Sin embargo, **la conducta sigue siendo violenta e irracional. Cambian las formas pero no el fondo. Y esto es así porque la inteligencia no da para más. Somos hombres monos con traje**.

No nos engañemos, **es más difícil ordeñar manualmente una vaca que manejar un smartphone**. La técnica es cuestión de formarse en una habilidad. No hay más. Ciertamente, la ciencia va mucho más allá. Dígase mecánica cuántica, relatividad, etc.

"Y no quedará piedra sobre piedra" (Mc 13 1-2). Se refiere al Templo del Monte de Los Olivos. Dice Marcos que Jesús había realizado un signo en el templo, anunciando su ruina. Gesto por el que los sacerdotes decidieron ajusticiarle. Al salir del templo, uno de sus discípulos le dijo: *"Maestro, mira qué piedras y qué construcciones"*. Jesús le replicó *"¿Ves esas grandes edificaciones?. No quedará aquí piedra sobre piedra, nada que no sea destruido"*.

La evolución no puede sostenerse únicamente en lograr hacer un puente más grande, un edificio más alto, una nave con mayor autonomía. **La verdadera evolución requiere de**

virtud, de respeto a los demás y de control de nuestros actos.

Si un hombre hace un montón de piedras, mañana vendrá otro y hará un montón de mayor altura, luego vendrá otro y hará otro aun mayor. Y cuando se caiga porque no resista, vendrá otro y colocará cuñas, y luego otro que echará cemento, y luego otro que lo cubrirá para protegerlo de la intemperie. Ved que todos son el mismo hombre en distintos momentos o fases de la evolución tecnológica. Pero esto nada tiene que ver con la conducta, de modo que incluso el primero y más ignorante de la tecnología puede ser más justo que el último que tiene un doctorado en ingeniería de la construcción.

Hay pocos que dudan de que Jesús haya sido el hombre más justo que conocen. Yo si lo dudo, y lo dudo porque lo idolatran tanto que lo llaman Hijo de Dios, concebido por el Espíritu Santo. Han convertido a un simple hombre en un ser sobrehumano, cuando él sólo quiso dar ejemplo de superación del ego. Mas, dada nuestra soberana ignorancia, no habría nada de malo en ensalzarlo hasta esos extremos, pero al imponerlo por la fuerza, lo traicionáis, cual Judas.

Hay que ser como Jesús. No basta con seguirle, con ir a rezar, con decir que crees. Hay que ser como él. Es decir, hay que ser justos, pacíficos y amar, en lugar de ofender. ***Olvidaos de Dios y de la creación, pues esto es sólo técnica***. Y la técnica, como acabo de describir, va descifrando paso a paso la existencia que, por si alguno lo duda, es eterna. De la misma manera, la materia es infinita. Así que estas dos cuestiones no tienen más misterio que el ir definiéndolas más y mejor. Tiempo y Materia o lo que es lo mismo, materia evolucionando.

Mas, ¿cuándo he sido justo y cuando injusto?. Pues, mi postulado es que **cuanto más evolucionado más justo**. Y no confundir con tecnología, me refiero al Yo. El Yo hevo es más justo, el Yo místico es más justo, incluso el Yo justiciero es más justo que el Yo opresor.

EVOLUCIÓN Y VIOLENCIA

La forma en que se ejerce la violencia ha ido cambiando a medida que evolucionamos. Los primeros hombres eran más instintivos y mucho más feroces que el hombre actual. Sin embargo, no disponían de la capacidad destructiva que ofrecen las actuales armas de guerra.

Podría afirmarse que la violencia que manifiesta el individuo disminuye de forma inversamente proporcional a la capacidad destructiva de sus armas. Inevitablemente, los avances científicos contribuyen a desarrollar armas cada vez más potentes y efectivas. Si bien, al mismo tiempo, se acuerdan leyes para aumentar la protección de la integridad física de los ciudadanos. Estas leyes son el resultado de un avance moral, cuyo fin último es erradicar la violencia.

Se evoluciona a una menor violencia y abusos, pero los extremos siguen existiendo, desde la crueldad más horrenda hasta la solidaridad más desinteresada, para ayudar a los más desfavorecidos. Luego, una escala graduada que contabilice desde los más malos hasta los más buenos, sigue siendo igualmente válida con el paso del tiempo.

Ciertamente, somos menos violentos, pero también somos cada vez más susceptibles. Eso es porque ahora consideramos como agresión actos que antes no eran vistos como tal. Por ejemplo, ahora reprimir a un niño con un bofetón es violencia contra un menor, cuando antes podía ser considerado un correctivo usado como parte de la educación familiar y escolar.

El sistema esclavista perduró hasta hace poco más de un siglo. En la antigüedad era considerado algo normal. Luego, en la edad media es sustituido por el sistema feudal. Si bien, se mantuvo en algunos lugares, como América, hasta que fue abolido. En realidad, aún quedan algunos países en los que no está prohibida la esclavitud, y además existen nuevas formas de esclavitud, como la esclavitud infantil o la sexual. Esto sin contar la sobreexplotación, que es una práctica muy generalizada.

Hace tan sólo unas décadas se dejó morir de inanición a decenas de millones de personas, víctimas de las dictaduras comunistas y del antisemitismo. En cambio, hoy se aprueban leyes para proteger a los animales y al medio ambiente. Se castiga el maltrato animal, incluso el abandono o su mala alimentación.

Tampoco se han acabado las guerras ni los genocidios. Como el ocurrido en Ruanda en 1994, en el que asesinaron a unos 800.000 civiles en 100 días, en un intento de acabar con la étnica Tutsi.

El hombre actual es un mono con traje, y como tal, es ***un ser violento que no sabe cómo no serlo. La violencia está presente en todos los ámbitos de su vida***. Basta con ver la filmografía para confirmar que estamos enganchados a la violencia y que no tenemos un verdadero deseo de erradicarla. También en los debates, en la política, el deporte, las carreteras, las calles, las plazas y en los hogares se practica la violencia física, verbal y psicológica como fórmula de convivencia entre los humanos.

LA CONQUISTA COMO MANIFESTACIÓN DEL PODER

Un pueblo conquistado es un pueblo conquistado por otro pueblo que, a su vez, fue conquistado anteriormente y así, sucesivamente, conquista tras conquista se construye la historia del hombre.

Hay una guerra, no se sabe muy bien cuándo empezó, pero no ha terminado. Las confrontaciones son unas veces aquí y otras allá. Hay tregua en un sitio y contienda en otro. Unos firmando tratados de paz y otros declarando la guerra. Pero la paz en la Tierra no ha existido nunca y no parece cercana esa fecha.

Sabemos que eso está mal, que ese no es el camino, pero nos empecinamos en justificarla. De eso trata la religión del Amor, basada en el perdón, que es la religión de Jesús. La religión del Amor no pretende luchar contra el odio sino demostrar que el odio es un error. El Amor no ansía dominar sino crear seres libres, ya que toda subordinación está sujeta al odio y la tiranía. El diálogo no resuelve las diferencias, sólo las pone de manifiesto. ***Las diferencias solo desaparecen con actos de buena voluntad, es decir, con el perdón***.

No debe hablarse de guerras, sino de una guerra en la que se alternan momentos de tregua. La guerra es una lucha entre grupos. Cuando haya un solo grupo, definitivamente, acabará, aunque, inevitablemente, seguirá persistiendo la violencia interna, tanto con uno mismo como en el seno de la familia y el resto de grupos sociales con intereses comunes.

A medida que vamos evolucionando hay una tendencia a evitar las guerras, motivado, fundamentalmente, por la concienciación de que la vida tiene un valor muy superior a los bienes materiales. Otro factor, no menos importante, es el poder destructivo de las armas.

Para acabar definitivamente con la violencia tiene que cambiar la conducta humana. Somos violentos por naturaleza. Nuestra violencia radica en la lucha por sobrevivir. *Nuestro sistema de supervivencia se basa en el ser mejor que, es decir, vencer y no ser vencido. Hemos de vencer a todo y a todos.* Vencer a la tempestad, a la sequía, a las alimañas y también a los enemigos, que son los que quieren tus bienes, tu puesto de trabajo, tu camino y también a los que tienen lo que a ti te falta.

LA FILOSOFÍA DEL O PISAS O TE PISAN

La filosofía de vida de *"o pisas o te pisan"* sigue estando igual de vigente que siempre. Es una filosofía animal, primaria, la de los felices y soberbios vencedores y la de los amargados y sumisos perdedores. La hipocresía se encarga de disimularlo, pero lo cierto es que todo materialismo es objeto de competición y, naturalmente, unas veces se gana y otras se pierde. Y no hay más, es así de simple.

Tan simple es este proceder, que no puede evolucionar, y por ello no es aceptado por los hombres evolucionados. Para evolucionar hay que **eliminar el principio de competitividad y sustituirlo por la virtud**.

Sé todo lo virtuoso que puedas pero nunca en comparación con los demás. Pues cada vez que te comparas alimentas tu ego, y ganes o pierdas, evidencia falta de virtud. Ningún ganador material murió feliz; mira si no a tantos genios y famosos que fallecen tras atiborrarse de drogas y antidepresivos. Por el contrario, otros como Gandhi o Jesús, murieron asesinados y con lo puesto, pobres en lo material, ricos en justicia y amor. Mas, de no haber sido asesinados, igualmente hubiesen fallecido con dignidad, y su virtud siempre quedó en lo más alto.

NO HAY GANADORES NI PERDEDORES

En la vida no hay nada que ganar ni nada que perder, aunque te la tomes como una competición. Quien no lucha ni compite, siempre para ganar, no tiene el problema de ganar o perder.

Además, **siempre que se gana algo, algo se pierde, sólo es cuestión de pararse para ver qué hemos ganado y qué hemos perdido.** De la misma manera, si al competir pierdes en algo, algo ganas. No obstante, si no te paras a verlo y comprenderlo, al perder te deprimirás y al ganar estarás eufórico y falsamente feliz. Además, hay que añadir el miedo a perder, el cual siempre estará presente en todos los que compiten.

—Ejemplo: El precio de la fama supone la pérdida de la privacidad y la exposición permanente al acoso y a los recelosos. Entre los más afectados están los políticos, los artistas y los deportistas, y también, aunque en menor medida: los ricos, los héroes, los intelectuales y los genios.

Si tu actividad puede generar recelos, ten por seguro que aparecerán los recelosos a acosarte y humillarte.

El amor es la fórmula perfecta para salirse de la constante competición. Si bien, ***el futuro tenderá a eliminar este sistema de vida basado en luchar contra tus semejantes para poder sobrevivir***.

La lucha implica vencedores y vencidos. Sobreviven los que vencen y mueren o mal viven los que pierden. Es el mismo sistema de vida que usan todos los animales, solo que más cruel.

Esta forma de supervivencia no puede perdurar. El hombre evolucionado no vivirá en lucha con sus iguales. El futuro no son naves intergalácticas disparando rayos láser. Esta es una visión futura del hombre actual y el hombre actual desaparecerá.

La evolución del hombre lleva implícito un acercamiento al amor. No al amor que hoy concebimos, más relacionado con el romanticismo, el deseo o el puritanismo, sino al amor consistente en el respeto al entorno, concibiendo la vida como una, indivisible y eterna.

Así que, en realidad, en la Vida no hay ganadores ni perdedores, porque ese no es su sino, sino una particular interpretación basada en nuestro modo de vida. Por definición, la Vida es materia en constante evolución en el espacio y el tiempo. Cuando veas a un torpe animal o a una débil planta, sólo estás viendo materia en una determinada fase de la evolución, y tus conjeturas surgen del afán por medirlo todo en comparación con patrones métricos.

¿CUÁNTO HAY QUE CORRER?

No es posible que todos corramos tanto como el que más corre, es mucho más fácil correr como el que menos corre. ***La igualdad es posible y necesaria para evolucionar.*** Para ello hemos de esperar al que corre menos e ir a ese ritmo. No hay necesidad de ir más rápido. Esta es ***la filosofía del inmovilismo, del no hacer, del pasar de todo, de la revolución pacífica*** que preconizó Gandhi.

¿Para qué fabricar coches que corren más que otros?. Y cómo, quien lo conduce piensa que es él quien corre más y no el vehículo, y termina por creerse que es mejor que los que tienen vehículos más lentos. Porque llegará el día en que nos pongamos de acuerdo en fabricar motores con la potencia conveniente, la máxima fiabilidad y el mínimo consumo y contaminación. ¿Acaso, en general, no son todas las naranjas iguales y vamos a un mercado cualquiera y las compramos?. El sistema productivo actual invierte ingentes cantidades de dinero en diseño, investigación y, sobre todo, en publicidad, encareciendo con ello el precio final de los productos.

Aparte de algunas fusiones y colaboración entre fabricantes, cada día hay más marcas y modelos, más variedad de equipamientos y motorizaciones y, sobre todo, más marketing cuya única finalidad es confundir y manipular al cliente potencial. ¿Dónde está el vehículo estándar?.

Esta forma de producir bienes es también muy destructiva, por lo que en un futuro próximo habrá que destinar buena parte de la inversión a deshacer lo que ahora construimos para recuperar el medio ambiente natural.

El siguiente escalón evolutivo pasa por globalizar, unificar, perfeccionar, estandarizar y abaratar los bienes de consumo para que lleguen a más personas. No podemos seguir avanzando sin eliminar las enormes desigualdades que existen entre los diferentes pueblos, y sin acabar con las clases sociales y las castas.

VISIÓN DE FUTURO

Imagino a un hombre evolucionado viajando en una nave a la velocidad de la luz, mientras contempla las estrellas. Un hombre que viaja por el universo infinito, un ser que entiende, poseedor de un cociente de inteligencia de 300 y una esperanza de vida casi indefinida.

Sorprende lo que ha evolucionado la técnica en poco más de un siglo. Hemos pasado de desplazarnos con la tracción animal a viajar por el espacio. En lo referente a la procreación, con la tecnología de las células madres, se puede prescindir del varón. Aunque no deja de ser contradictorio que ahora que ya no es necesaria la relación sexual para procrear, es cuando más se practica sexo. La sexualidad, cuyo único objetivo natural es la fecundación, ha pasado a ser un medio para obtener placer, a la vez que una aparente necesidad de descargar impulsos naturales y, por extensión, dada su nueva finalidad, se generaliza la práctica entre personas del mismo sexo y se adaptan las leyes a estas nuevas situaciones.

Pero esta evolución técnica también genera injusticias y desigualdades, ya que no está extendida por igual en todo el planeta. Incluso, dentro de una misma población, persisten las desigualdades. También aumenta la violencia y el consumo generalizado de drogas, las enfermedades psíquicas y los problemas visuales afectan a casi toda la población.

Así que hemos de reconocer que no todo es para mejor, sino para distinto, o más acertadamente, consecuencia de la imparable evolución. **El balance que resulta de la ecuación evolución siempre será cero**, por más que se evidencien las mejoras. El balance debe ser cero para que el ciclo evolutivo se cierre. La evolución es cíclica, y su dinámica se explica por la interacción de la materia en el tiempo.

Lógicamente, un balance cero implica que todo lo que se gana en cierta dirección, se pierde en otra. Por ejemplo, el uso de la tecnología nos facilita la ejecución de las tareas, pero esto propicia el sedentarismo, debilitando nuestra resistencia física y menguando y reduciendo nuestras habilidades manuales.

La evolución reformula la posición del hombre en el universo, y así surge una nueva filosofía, con una nueva concepción de la vida y del hombre. No es el mismo hombre, sino un hombre evolucionado, con unas capacidades mentales muy superiores. Un hombre que ha prescindido de la mitología y los placeres mundanos y que nosotros solo podemos atisbarlo, quizá en la figura de Cristo.

REFERENTES DE LA CONDUCTA

La película "Megalodon" está basada en un futuro muy próximo. Me ha llamado especialmente la atención la personalidad y conducta de sus personajes. Realmente parecen personas del futuro. Las relaciones eran muy distendidas, sin salirse de tono, sin el más mínimo atisbo de ironía, hipocresía, insinuaciones o violencia. Sólo se exceptúan los momentos en que moría algún miembro del equipo debido al ataque del megalodon, en los que, momentáneamente, perdían los nervios y gritaban de impotencia.

Esta conducta podría llevarse a la práctica hoy día. Es el hombre tranquilo, natural, seguro, transparente, que apenas gesticula ni hace movimientos inconscientes.

Sería muy constructivo desarrollar películas y programas culturales que emulen estas conductas. Por lo general, en las películas, tanto históricas como futuristas, los actores actúan conforme a la conducta del hombre actual, haciendo que las mismas pierdan realismo. Hay una clara discordancia entre conducta y civilización. No puedo imaginar que en el año 2250, un capitán de una nave interestelar diga *"joder, nos la vamos a pegar"*. Tampoco se hablaba así en la época del Imperio Romano.

El habla es la expresión del pensamiento. Por lo tanto, es un error utilizar la mentalidad de la sociedad actual para producir películas basadas en otras épocas. Tanto más, cuanto más lejana sea dicha época.

Acertar en la conducta y el lenguaje de los personajes de películas futuristas puede servir de referencia a la sociedad actual para avanzar hacia esos comportamientos más avanzados, libres de tanta amoralidad e inestabilidad psíquica.

Puede parecer que le quita algo de emoción a la vida, pero **quién ha dicho que la vida es emocionante, sino una mente fantasiosa**.

EVOLUCIONISTA, NO PROGRE

Progre equivale a moda. **El progre toma de la sociedad lo que está de moda, sin pensar en las consecuencias.** Suele apostar por las tendencias de las minorías más ruidosas. Aunque, por lo general, son minorías cualificadas.

Los evolucionistas toman de la sociedad lo que tiene futuro, es decir, lo que pervivirá, lo que vale para el mañana, aunque no tenga resultados palpables hoy e, incluso, pueda causar cierto daño.

—Ejemplo 1: El futuro de la política es una especie de anarquismo moderado evolucionista. Los sistemas socialistas y los capitalistas liberales y conservadores quedarán trasnochados. Los primeros por progres e impulsivos y los segundos por tender al feudalismo medieval.

—Ejemplo 2: hacer recortes presupuestarios para evitar que en años venideros haya una crisis severa que acumule deuda, déficit, inflación y paro a un tiempo.

Hacer lo que el pueblo quiere, es decir, hacer populismo para contentar, siempre lleva a una crisis severa y a un sufrimiento muy grande (ha ocurrido recientemente en Venezuela y Argentina). Por el contrario, invertir en tecnología, inicialmente, recorta el estado de bienestar, pero a medio y largo plazo lo mantiene e incluso lo mejora. Así, mejor estar en nivel 6 de manera sostenida que estar un lustro en nivel 9 y dos décadas en nivel 3 (ver que $6 = (9+3)/2$).

—Ejemplo 3: hace dos décadas los sexólogos hablaban de distorsiones en las conductas sexuales. Ahora se ha extendido que en el sexo "todo vale" y que es muy saludable. Cuando en realidad, el sexo es un impulso natural, como lo es el hambre. Su único fin es la procreación. No da exactamente placer, sino que elimina el ansia de practicar sexo, al igual que la comida elimina las ganas de comer. Ambos tienen en común que sacian una necesidad natural. De ahí que hay anormalidades, al igual que en la comida también las hay, como el gusto por lo dulce, la anorexia, la bulimia o la vigorexia.

—Ejemplo 4: ¿pervivirá la iglesia?. El problema es el mensajero, pero el mensaje sigue siendo muy válido. La vida de Jesús y otros religiosos está completamente distorsionada por añadir cuestiones como la resurrección, los milagros, los ángeles, Dios, la concepción inmaculada, etc. Esto ha convertido a un ser en un no ser, es decir en alguien irreal o imaginario. En cambio, el mensaje de Amor seguirá vigente, por su sabia concepción y sus efectos positivos en la conducta y las relaciones humanas, tanto entre ellos como con el resto de la naturaleza.

AVANZAR NO ES HACER LO CONTRARIO

Cambiar las cosas, en el sentido de mejorarlas y evolucionar, no significa, en ningún momento, hacer lo contrario de lo que se hacía antes.

Ese es uno de los grandes errores que acostumbra a cometer la sociedad. Cuando algo no va bien, tienden a buscar la solución en lo opuesto.

La sociedad actual es lo opuesto a la que había hace tan solo unas décadas. Ahora se hace lo contrario de lo que se hacía antes. Hacer lo contrario no es una mejora sino una cosa distinta y, quizá, novedosa. Al ser nuevo, es experimental y está llena de fallos y carencias, por lo que necesita mejoras inmediatas.

Ejemplos de cambios bruscos son el paso del capitalismo al comunismo, de la democracia a la dictadura, del culto católico tradicional al progresismo anticristiano, o a la inversa. De hecho, los cambios bruscos llevan aparejado ajustes de cuentas y odio a todo lo que representa lo anterior.

Tal es este modo de proceder que si no nos gusta el capitalismo, en lugar de corregir sus deficiencias, implantamos lo opuesto, el comunismo. Que no soportamos las actitudes del sexo contrario, pues nos hacemos homosexuales.

Se corre el riesgo de confundir libertad de elección con el desmadre. Digo bien, desmadre.

—¿Qué es un desmadre?.

—Pues, son niños sueltos sin el cuidado de su madre. Imaginaros la conducta de estos niños, faltos de experiencia, de fundamento y responsabilidad. Es un rebaño sin pastor ni perros guía, sin alambradas ni senderos, sin pastos para el invierno. Es un caos.

Los cambios radicales rompen la armonía, al igual que una música sin compas sólo es un ruido insoportable, y un gobierno sin el consenso de la mayoría es una tiranía.

Tampoco podemos plantearnos no avanzar para mantener la armonía, porque no es posible no avanzar. El tiempo lo impide. Con lo cual, **la armonía es el resultado de avanzar**. Pero avanzar no es tirar las partituras que tenemos y ponernos a tocar sin más. El avance es unidireccional, siempre hacia delante, pero siempre se parte de atrás. Nunca se parte de cero. El tiempo cero no existe. **No existe un principio ni un final, solo existen fases de la evolución**.

Puede plantearse que si es inevitable, qué más da. Y seguramente es muy recomendable pasar un poco de todo, en el sentido de entender que «*no somos el ombligo del mundo*». Sin embargo, no es tan simple, porque lo cierto es que estamos en una fase de la evolución en la que somos capaces de pensar esto, y escribirlo, que es lo que estoy haciendo ahora. Como titulo más arriba "*Una vez que lo sabes todo, es nada. La vida se crea y se devora a sí misma*".

3.06. UNA BUENA NUEVA

Una buena nueva os traigo, que el Reino de Dios ha tocado su fin. **El Dios del hombre ha cumplido su cometido y se ha ido.** Nos enseñó a andar y ahora, una vez concluidas sus enseñanzas, nos ha dejado. Vivíamos en la oscuridad y la confusión y Él nos ha acompañado, permanentemente y sin descanso, hasta alcanzar la claridad y el entendimiento.

Es la hora del Hombre Evolucionado, el que entiende, porque sabe y puede. Un ser con capacidad y conocimientos suficientes para entender toda la dinámica evolutiva. El hombre mono con traje, tras un periplo por el hombre máquina y el hombre biónico, dará paso a un nuevo ser, el hombre evolucionado.

Os preguntaréis, ¿cuándo llegará eso?. **Está llegando ya, abrid los ojos e id viéndolo. A medida que lo veáis, vuestra mente crecerá y viviréis en el estudio y la autosuficiencia, y la justicia vendrá de vuestras mentes y no de los jueces y políticos.**

Cuando el mono comenzó a conocer a las fuerzas de la naturaleza y a manejar herramientas, creó a Dios. Un ser sabio, conocedor de todo, dominador de todo. Así nació el hombre y junto a él, su Dios, el Dios Hombre.

Con el paso del tiempo han aumentado los conocimientos. Los últimos dos siglos han sido trepidantes, si se comparan con el resto de la historia (1 millón de años). Volar, viajar a otros planetas, las ondas, la electrónica, las células madre, la inteligencia artificial. Todo esto ha sacado al hombre de una gran confusión. ***El mono no pensaba, el hombre mono estaba confuso porque pensaba, el hombre evolucionado no piensa, sabe***.

Caminamos a un ritmo acelerado hacia el homevo, al que llegaremos tras una etapa de mejoras, en el que nos convertiremos en una especie de hombre máquina, que poco a poco irá aumentando su esperanza de vida, su cociente intelectual y su preparación científica.

Asómbrate, pues el ciclo evolutivo abre la posibilidad de que en este momento estemos siendo observados por homevos de otra civilización más evolucionada.

Pobre de mí que entro y salgo del entendimiento, medio cuerdo medio loco, casi sabio casi idiota. ***Me ha tocado vivir la transición entre dos reinos, el del Hombre Dios y el del Hombre Evolucionado***, mas, atisbo a ver el fin del primero y el nacimiento del segundo. Mi mente es influyente, se sale de mí, controla pero no lo suficiente. Me han llamado muchas cosas, desde superdotado, perfeccionista, estilista, presidente y hasta Dios, pero solo soy un hombre con grandes defectos y carencias, empezando por mi deteriorada vista y mi escaso control mental. No soy un hombre evolucionado y la confusión en mí solo desaparece por momentos.

DIOS, LO INALCANZABLE

Dios no creó al hombre y al universo, es justo al contrario, *fue el hombre quien creó a Dios*.

El hombre en su ignorancia, y apoyado por su egocentrismo, creó a Dios. Y dijo: "*Dios creó al hombre a su imagen y semejanza*" — así el hombre se pone a la altura de Dios —. Y dijo: "*Dios creó la Tierra y el Cielo*" — así el hombre desciende de Dios, y éste crea un entorno para ponerlo al servicio del hombre —. Luego, el primer hombre es Dios.

En realidad, hubo diferentes culturas, unas monoteístas y otras politeístas. Se me antoja que las politeístas eran más creíbles (la cultura griega sigue imperando), salvo por el problema de que los faraones, emperadores y césares también se erigieron en dioses. Pero terminó imponiéndose la lógica monoteísta, donde surgen constantemente nuevos profetas que dicen ser el último y verdadero, el que dice la verdad más verdadera que le transmite directamente Dios, el todopoderoso.

Lógicamente, la inmensa mayoría han fracasado en su campaña por destacar, quedando, básicamente, Buda, Jesús y Mahoma. De estos, el último fue de todo y hasta profeta, ya que impuso su dogma, por las buenas y por las malas, toda vez que era un guerrero, militar y gobernador. Costumbres ésta que son comunes a todos sus sucesores, además de aceptar al resto de profetas y religiones. A pesar de ello, se reconoció como un pecador que conoció a Dios.

La creación de Dios fue una necesidad, un mal menor. ***Dios es lo inalcanzable del hombre. El hombre quiere ser Dios, pero no puede. La ciencia avanza y, poco a poco, pone al hombre en el lugar que le corresponde de la existencia.***

Sin embargo, aun sabiendo esto que digo, soy un místico ateo, porque en la religión hay una filosofía del amor que no puede obviarse. El amor es lo que integra al hombre en el Universo, que es, quizá, su principal característica, la más notable.

UN NUEVO OCCIDENTE

Occidente está llamado a dar un salto que supere conceptos como el capitalismo y el socialismo. Un nuevo sistema que integre a esta sociedad en una visión evolucionista.

Quede el pasado como cimiento y el presente como el edificio inteligente. Un sistema vacío de mensajes e ideologías, en el que la tecnología muestre el verdadero conocimiento alcanzado por los humanos. La integración del trinomio: el medio, el hombre y la máquina. Porque esta es la nueva creación de la vida, a través del hombre.

Un hombre más evolucionado, con un caminar distinto, una nueva mirada y una mente prodigiosa. Es el sueño de Julio Verne. Sobran las palabras, la poesía, las tertulias.

3.07. LIBERTAD DE PENSAMIENTO Y PODER PSÍQUICO

Podemos decir que somos libres para pensar, pero ¿te dejan que lo seas?. El solo hecho de pensar no te hace libre, sino que hay que pensar en ser libre. **La mente ha de luchar en su interior para liberarse, de lo contrario, las influencias externas la sugestionan.**

Se han dicho auténticas barbaridades a cerca de la inteligencia de los esclavos negros, incluso algunas mentes brillantes llegaron a afirmar que eran inferiores a los blancos. Sin embargo, la mente del nacido en cautividad o del nacido en una cultura primitiva, es similar a la mente del nacido entre los más destacados intelectuales. **Es la educación y el entorno lo que condiciona la conducta de cada ser.** De modo que si un esclavo es educado en la ignorancia, la sumisión y la obediencia, **ese esclavo está preso y su mente también.**

La libertad solo está en tu mente. Aunque, en realidad, la libertad es una utopía, al igual que lo es el amor o la felicidad. No es posible ser totalmente libre porque no existe la libertad plena o absoluta, de la misma manera que no existe la plena felicidad o la seguridad total. Así que solo podemos hablar de grados de libertad y de sensación de libertad. Cuando el reo termina su condena y sale de la cárcel, cambia su grado de libertad y experimenta una gran sensación de libertad, que se traduce en una mayor libertad de movimiento y toma de decisiones. Legalmente puede hacer muchas cosas que antes no podía, pero sigue limitado por las normas de la sociedad. Si lo desea puede viajar a otro lugar, siempre que cumpla con los requisitos legales y disponga de medios económicos suficientes.

También es libre para hacerlo ilegalmente, pero si lo capturan volverá a perder grados de libertad.

Los mayores grados de libertad se experimentan en la mente. Tanto más cuanto más pensamiento propio se adquiera. Pues, por lo general, nos limitamos a utilizar la información que nos llega de fuera. Nuestra ideología, aficiones, carácter y conducta, vienen condicionados por las circunstancias. Así que todos somos adoctrinados por el entorno social que nos toca vivir, de manera que lo que consideramos libre albedrío es, en realidad, una quimera. Pues, **resulta extremadamente complejo salirse del adoctrinamiento, *y a poco que consigamos salir de una ideología entramos en otra*** y, seguramente, dado el esfuerzo para alcanzar este cambio, al menos inicialmente, nos parecerá mejor. Pero, aunque hayamos logrado ese cambio, de inmediato caeremos en un nuevo adoctrinamiento, toda vez que cada ideología tiene desarrollado un estricto programa. Mas, no queda otra que luchar contra esto si queremos tener pensamiento propio y experimentar cierto grado de libertad.

Dicen que "*las palabras se las lleva el viento*", pero si se escriben o se guardan en la memoria, no. Es más, ***todo se guarda en la memoria, aunque no seamos consciente de ello***. Lo que ocurre es que utilizamos sólo lo que necesitamos y el resto de la información queda deslocalizada, y cuando queramos acceder a ella, resulta casi imposible recuperarla.

Igual ocurre con quien tenga poder psíquico. Los hombres evolucionados dominarán el lenguaje psíquico, de modo que su pensamiento tendrá el mismo efecto que la palabra hablada.

En la actualidad, apenas sabemos nada de las ondas transmitidas por la actividad mental. Tampoco sabemos retener y gestionar mucha cantidad de información y nuestra velocidad de aprendizaje es lenta, torpe y nunca alcanza el nivel suficiente como para no cometer errores. Estas enormes limitaciones son la base para considerar que nos encontramos en la fase de la evolución que yo denomino "hombre mono con traje". Si bien, estamos iniciando la entrada en la fase del hombre tecnológico.

A la vista de las enormes limitaciones de nuestra mente, no recomiendo tomarse muy en serio la facultad de tener poderes psíquicos, ya que se corre el riesgo de alterar el psique. Las falsas percepciones llevan a razonamientos erróneos y nos aleja de la realidad estándar. Lo más recomendable es dejar que el potencial psíquico se libere de forma natural, sin forzarlo a realizar una tarea determinada.

A nivel personal, les diré que mucho me temo que últimamente las señales se han intensificado tanto que quedan pocos lugares donde reposar, pocos desiertos a los que ir. A veces me parece absurdo hasta moverme, el paisaje viene a mi mente y el cuerpo queda accesorio. Lo cierto es que he de cuidar mis pensamientos, eliminar todo lo inexacto y todo lo que viene de mentes ajenas, y avanzar hacia un estado de control del entorno que me permita una existencia más sosegada. Lo siento por los afectados, es una cuestión de evolución.

EL PODER DE LA MENTE

Cada vez son más frecuentes los guiones de series televisivas y películas cinematográficas, así como programas científicos, relacionados con poderes "paranormales". Lamentablemente, en estos temas estamos en pañales, así que, no son más que figuraciones que parten de una mente poco evolucionada que intenta describir lo que no está a su alcance porque aún no está suficientemente capacitada para entenderlo. Es como si un perro explicara a otro perro como son los humanos, o como si un mecánico de automóvil se aventurara a hacer una operación de trasplante de un órgano humano.

Si queremos hablar de poder, hablemos del poder que tenemos y, con cierta rigurosidad, pronostiquemos como serán los humanos del futuro. En primer lugar debemos separar mente y cuerpo. El cuerpo solo es una herramienta mecánica y por más que lo hagamos evolucionar, nunca podrá ser otra cosa que una herramienta que sigue las leyes físicas de la mecánica (fuerza y velocidad) y que necesita un aporte de energía (alimentación) para que funcione. Podemos adiestrar el cuerpo, podemos potenciar unas facultades determinadas, pero no hay más. En cambio, la mente es la gran desconocida. Si queremos hablar de poder, está ahí adentro, escondido en la masa cerebral.

El poder de la mente se centra en dos campos, el cociente intelectual y la capacidad psíquica. Sabemos que el cociente de inteligencia se mide por la velocidad de respuesta ante cualquier incógnita. Esta velocidad de respuesta será tanto mayor, cuanta más memoria tengamos y cuanta más velocidad de gestión de los datos (un símil es una computadora, por una parte el disco-memoria y por otra parte el procesador matemático, que representan a la cantidad y velocidad, respectivamente). En cuanto a la capacidad psíquica o «poder mental», está relacionada con actividades como la telepatía o capacidad para emitir y recibir señales a/de otras mentes, hipnosis, capacidad para alterar la realidad física y para manipular otra mentes, etc. Yo lo he definido como «mente influyente» y próximamente espero publicar mi sorprendente experiencia. Sin duda, ¡para asustarse!.

Para una fase de evolución dada, la mente influyente es aquella capaz de captar señales desde el consciente y el inconsciente de otras personas. Parto de la base de que todos tenemos una mente influyente, pero, la gran mayoría desconocemos esa capacidad.

Las señales están en el espacio y pertenecen a personas vivas y a personas fallecidas (de ahí los fantasmas, las apariciones, los lugares en los que ocurren sucesos paranormales). ***Una mente evolucionada es aquella que tiene trasferida la información del subconsciente al consciente***, de modo que lo que para nosotros resulta disparatado, para los evolucionados es perfectamente explicable.

Me contrarían los guiones que dibujan a personas con poderes psíquicos que manipulan a otros. No comparto esta tesis. Me inclino por la tesis mística. El poder psíquico solo se alcanza si se evoluciona hacia unos elevados niveles de perfeccionismo o virtuosismo, como es el caso de algunos místicos. Es un poder que traspasa a la persona y en la que el místico se ve inmerso una vez que ha alcanzado el nivel de perfección necesario.

El esfuerzo para alcanzar esta perfección solo es posible si te insertas dentro de la Vida, y una vez insertado no alcanzas poder, sino que el poder te traspasa. Tú no puedes manipular a los demás. No se puede jugar con la perfección.

Para evolucionar y alcanzar entendimiento no valen las trampas, la manipulación ni el egocentrismo, sino que exige una entrega total, precisamente, como la de los místicos. No hay mayor entrega que la de los grandes místicos, que prácticamente abandonan el cuerpo, se salen de él y se unen a la Vida en «espíritu» (para evitar ambigüedades, quiere decir que se unen a la Vida por una conexión psíquica). En medio de tal entrega se manifiestan determinadas capacidades o poderes psíquicos que no experimentan el resto de los humanos, ya que están ocultos en el subconsciente.

El ser evolucionado está por venir, y no es místico, puesto que ya ha superado esa etapa. Puestos a medir, son más que místicos. Nosotros, en general, no llegamos aún a místicos. A pesar de no llegar al nivel del místico, las técnicas evolutivas llevarán a nuestros descendientes a superar a los místicos, sin haberlo sido, puesto que estos son personajes aislados que evolucionaron sobre medida, a pesar de las limitaciones de su tiempo. Su entrega fue mayor que la de los demás, en cambio, el ser evolucionado no hace ningún esfuerzo especial para ser lo que es, ya que es propio de tu tiempo.

El hacer fuerza o maquinaciones para tener poder mental es, del todo, vano. El camino es el de la virtud. A modo de aclaración, sostengo que "el bien es lo real y el mal es un invento del hombre". Quien acabe con ese mal, entrará de lleno en «el Reino de los Cielos» (quiere decir que alcanzará entendimiento). Así, pues, no cabe mal alguno en quien tiene capacidades psíquicas.

No temáis a los llamados «extraterrestres», porque son seres más evolucionados y no os harán ningún daño, ya que el daño es algo que ellos han suprimido por superación. Lo que quiero decir es que el mal no es ningún tipo de poder, sino que solo es fruto del error, o sea, del mal proceder. ***Para evolucionar debes corregir errores, que no es otra cosa que ir eliminando el mal.***

3.08. LOS HECHOS Y EL SABERSE

Nos percatamos de nuestra existencia al identificarnos con los hechos. Yo he hecho esto, luego, yo soy ese ser que ha hecho eso. Nuestra mente verifica una y otra vez la realidad del ser que somos, al registrar cada acto que realizamos.

Tal es esto que a la hora de reconocernos como ser, parece pesar más lo que hacemos que el propio hecho de existir. La mente necesita registrar lo que hacemos, pues, no hacer nada supondría no pensar, y la carencia de juicios imposibilitaría nuestra identificación. Es decir, aunque existiéramos igualmente, no lo sabríamos, seríamos como las olas, que van sin saberse a sí mismas.

Este proceder puede servirnos para ver qué grado de identificación tiene el individuo de sí mismo. Pues, a veces tenemos la sensación de que la humanidad va a la deriva, que solo sabe navegar y naufragar, pero no sabe existir, no se sabe a sí misma como realidad universal.

Este saber estar es algo que también está reservado al hombre evolucionado. El *hevo* es más mente que cuerpo o como diría un místico, más espíritu que carne. Esa mente se sabe a sí misma por lo que conoce y no tanto por los actos que realiza.

Quizá sea esta la principal cualidad del Hombre Evolucionado. ***El ser que se sabe a sí mismo por el conocimiento de la Vida y no por sus actos.***

Nos limitamos a la lucha por hacer y apenas paramos para sabernos. De hecho, no le damos importancia a esto, nos parece una pérdida de tiempo, una *"comedura de coco"*. Tal vez le dedicamos unos fugaces segundos, sin saber muy bien por qué, y recibimos un fogonazo de virtudes que al poco se van, y vuelta a lo cotidiano. Qué frustrante, qué calamidad.

Necesariamente conformistas, nos amoldamos a lo que nos toca vivir. Este es nuestro tiempo, esta es nuestra sociedad y nuestros actos son consecuencia de ella y de nuestras limitaciones psíquicas.

NO HAY DEFECTOS

En los orígenes de la humanidad, cada grupo defendía su territorio, sin distinción de sexo ni edad, todos a una. Más tarde se crearon los ejércitos, formados por guerreros o personas especializadas en el combate. El resto de la tribu no combatía, sino que apoyaba en la fabricación de armas y el abastecimiento. Lo mismo ocurrió con la caza y resto de tareas, cada cual se fue especializando en función de sus capacidades y habilidades.

Con la llegada de la tecnología, ya no se requería tanta fuerza y destreza. De modo que con el aprendizaje bastaba para desempeñar la mayoría de las tareas.

No obstante los humanos siempre se han movido por el afán de *ser más que,* del hombre frente a la mujer, del adulto frente al niño, del fuerte frente al débil, del rico frente al pobre, del listo frente al torpe, etc.

Pero *al evolucionar, nuestra comprensión nos permite valorar las diferencias como hechos circunstanciales y no como defectos*.

LOS HUMANOS SON RACIONALES, PERO POCO

No nos vanagloriemos tanto, diciendo que el ser humano es un ser racional, porque eso no es del todo cierto. En términos generales, el humano no es más racional que cualquier otra especie animal. Es más, *su razón de ser y existir no es distinta de cualquier partícula del universo*, que es eterno e infinito en espacio y materia.

El humano es el resultado de la evolución del cuadrumano. Sin manos no habría humano. Primero fueron las manos, luego adquirió la destreza para manejar utensilios, después le siguió el perfeccionamiento de los utensilios, al tiempo que hubo de aprender a transmitir ese conocimiento a sus descendientes desarrollando el lenguaje y la expresión gráfica, y así hasta llegar a hoy.

Todos los animales transmiten conocimientos a sus descendientes. También las plantas, a través de la herencia genética. Lo que significa que *toda partícula del universo tiene una información con la que se interrelaciona con el resto*, la cual puede descifrarse según la Teoría Universal del Ciclo Evolutivo de la Materia, conociendo la fase de evolución en la que se encuentra dicha partícula.

Por otra parte, si los humanos fueran suficientemente racionales no necesitarían leyes ni normas coercitivas que el individuo debe acatar, so pena de ser sancionado. Sin embargo, las injusticias están presentes en todos los órdenes sociales y, **por lo general, siempre culpamos a los otros como causantes de tales injusticias.** Tampoco se puede sostener que las normas son injustas, si bien, aunque es cierto que benefician a unos y perjudican a otros, todas se confeccionan en función de las presiones de distintos grupos de poder. Además, los jueces y los políticos tienen los mismos aciertos y fracasos que cualquiera de nosotros, por más laureolas que se pongan.

El ego es igual en todos. El ego es una forma de ser, un devenir que resulta prácticamente imposible de evitar. Escribió Lord Acton "*el poder corrompe...*". Esta afirmación es simple de entender: **en cualquier suceso, el ego te invita a querer ser mejor que los otros, y una vez que crees haberlo conseguido, ya eres corrupto.**

Si no quieres corromperte, renuncia a toda clase de poder (Jesús dijo: "*si quieres ser perfecto, déjalo todo, regálalo y sígueme*"). La renuncia a todo tipo de poder mantiene a raya el ego, sin posibilidad de que pueda actuar. En ese estado el individuo se vuelve valientemente humilde y misericordioso.

En el camino de la racionalidad está la verdad más universal. Fuera de este camino somos unos pobres infelices que tropezamos una y otra vez es las mismas piedras, y es que **el necio no aprende, simplemente va de tropezón en tropezón.**

REFLEXIONAR PARA VER CON CLARIDAD

Si no reflexionamos sobre nuestro devenir estamos a merced de los cambios. Debemos reflexionar sobre quiénes somos: estudios, experiencia, capacidades, ética, sexo, aspiraciones, etc. Esto nos reafirmará, sobre todo, en momentos delicados, en los que la depresión o volatilidad del día a día nos convierte en ineptos.

Ser apto significa no sólo estar preparado, sino estar cabal, estable y centrado. Un problema familiar puede inhabilitarnos para ser aptos en nuestro trabajo, o al contrario, un problema en el trabajo puede afectarnos en nuestra vida familiar. Un simple enfado en la carretera con un conductor inesperto o negligente puede convertirnos en un loco psicópata. Tener algo de prisa puede convertirnos en un temerario en la carretera y molestar a los demás usuarios. Lo mismo ocurre cuando nos empecinamos en tener la razón, en lugar de reflexionar y aceptar lo que es correcto.

Cada día nos tropezamos con multitud de energúmenos. No son más que *pobres gentes que actúan con mala fe y agresividad porque están perdidos, frustrados, amargados o acomplejados*. Sí, los malos actos son una venganza por carencias o padecimientos en carne propia. Es el ojo por ojo en todo, los enemigos son los demás, sobre todo, los que son mejores que yo, ya que lo son porque han hecho trampa y yo me vengo de ellos para igualar la desigualdad. Error fatal.

Reflexiona, *da todos los pasos atrás que sean necesarios para recuperar lo que ganaste, de lo contrario, puede perderse y te inhabilitas para continuar*. Si estudias y no retienes lo aprendido lo pierdes y te incapacitas para usar eso que aprendiste. Si adquieres experiencia y no la valoras, no la retienes y sigues siendo un inexperto. Si formas una familia y no das amor, ésta se desune y quedas desamparado.

Reflexiona, porque, en verdad estás perdido. Siéntate y contempla el mundo. ***Observa todo lo que acontece hasta que puedas comprender por qué sucede cada hecho. Llegado ese momento verás lo simple y predecible que es todo. Verás con claridad el bien y el mal que hay en cada uno y sus limitaciones***.

EL CULTO AL CUERPO Y EL ACADEMICISMO

Hay al menos cuatro mensajes que están haciendo mella en la sociedad:

— Para la salud, cuanto más deporte mejor.
— El sexo es sano, cuanto más lo practiquemos mejor.
— Hay que cuidar la imagen porque es lo que ven los demás.
— Hay que estudiar, el conocimiento nos hace sabios.

Sin embargo, no he visto a gente tan desafiante como los que van a los gimnasios, ni mayores degenerados que los buscan sexo a todas horas, ni a gente más superficial que los que cuidan en exceso su imagen, ni a personas más torpes e inmaduras que aquellas que no hacen otra cosa que estudiar y navegar por internet.

En lugar de dejar que lo natural fluya y nos desarrollemos de forma individual, nos dejamos influenciar por las tendencias, hasta el punto de llegar a parecer un ejército de zombis teledirigidos por una conciencia social suprema.

En lugar de hacer lo que hemos de hacer, hacemos lo que nos dice esa conciencia utópica que se retroalimenta de publicidad engañosa. ***Nos subordinamos y perdemos autonomía***.

El hombre actual está perdiendo tamaño cerebral. ***Nuestro cerebro es un 10% menor que el de los primeros homo sapiens***. Claro, no es lo mismo que un pequeño grupo de humanos sobreviva con lo puesto en el medio natural, desconocido y hostil, a que lo haga en una ciudad moderna, donde nos dan casi todo hecho. Eso nos hace más débiles, más dependientes.

No es que esto sea peor, pues la lógica evolutiva nos lleva irremediablemente a esto que tenemos. El camino es este y no otro, pero la realidad es que ***no somos mejores que los primeros humanos, sino al contrario, somos mucho más torpes y débiles***. Aunque las investigaciones concluyen que no hay menos capacidad intelectual, sino que hemos desarrollado nuevas habilidades sociales, yo lo pongo en duda. Apuesto a que si se integrara un recién nacido primitivo en una sociedad moderna, una vez recibida una educación adecuada, sobresaldría de la media a nivel intelectual y atlético. También destacarían sus más inmediatos descendientes.

No digo que haya que ir totalmente en contra de estos mensajes, pero ir a favor tampoco es lo más acertado.

Hay que cuidar la salud, pero si tenemos un trabajo que requiere cierto esfuerzo físico, ir al gimnasio es redundar en lo mismo, y lo que estamos buscando es aumentar la musculatura para ser más fuerte que otros, obviando que lleva aparejado un incremento de la agresividad y un debilitamiento de los mecanismos mentales, responsables del control de nuestro estado de ánimo y de nuestros actos. La violencia, incluida la intrafamiliar, en general, ha aumentado debido a esta pérdida de estabilidad psíquica. Cada vez que haces por ser físicamente más fuerte te vuelves más intolerante y en lugar de hablar con la mente, tiendes a «hablar con los puños».

El sexo por el sexo es una búsqueda de placer ajena a la procreación que deriva en un comportamiento social erotizado, donde nuestra relación con el resto, y con cualquier cosa, tiene una determinada connotación sexual. El sexo parte de una necesidad, como el comer, y como tal, hay que tomar la cantidad necesaria y seleccionar el tipo de alimentos que demanda nuestro metabolismo, descartando aquellos que nos dañan.

La higiene personal redunda en nuestro bienestar y en el de las personas que nos rodean, lo demás, es decir, el maquillaje y los atuendos son una frivolidad y un sello clasista y sexista. El vestir de forma práctica no tiene igual, todo son ventajas. Lo demás es pretensioso. Sin embargo, desde tiempos remotos, **vivimos en la dictadura del «soy lo que aparento».** Resulta prácticamente imposible salirse de ese rol, pues, al salir del que formalmente te corresponde, de inmediato, entras en otro. Vistes según a donde vayas, y cuanto más solemne es la cita, más lujoso e incómodo es el vestido.

El conocimiento se adquiere captando información, tanto más cuanto más compulsivos seamos. Pero llenarnos de información no nos hace más inteligentes, sino todo lo contrario, puesto que **en lugar de decidir nosotros el cómo actuar, se lo dejamos a la información que** *tenemos, con lo que nos convertimos en autómatas de lo que otros nos dicen.*

Da igual que yo diga algo porque no hago otra cosa que repetir lo que alguien me dijo antes. La única forma de esquivar esta gran cantidad de información que tanto nos atosiga cada día es tomar un atajo, el del sentido común y el buen hacer. Solo necesitamos saber lo justo y necesario e informarnos bien antes de pronunciarse o tomar una decisión.

GANDHI NO FUE UN GENIO PERO FUE POR EL ATAJO

En mis escritos comento lo del *"atajo"* para llegar. No es necesario ser un erudito, no es necesario estar en todas las batallas, no es necesario hacer un esfuerzo sobrehumano para alcanzar la perfección, porque hay un atajo.

"Abandónalo todo y sígueme". Pues, cuanto más tiempo dediques a cosas materiales y a saciar caprichos, deseos y superar recelos, menos tiempo dedicas a alcanzar la virtud.

Hay un atajo que es todo recto, pero muy estrecho. Tan estrecho es que es fácil perderlo de vista y pasarse a otro camino. Por lo general, la gente anda entrando y saliendo del mismo una y otra vez. De ahí la expresión *"lo difícil no es llegar, sino mantenerse"*. Absolutamente todos han dado algún que otro paso en este atajo, de modo que **se sabe con rotundidad que el atajo existe**, que no es una utopía ni una fantasía.

Pues bien, Gandhi, que era de buena familia, estudió lo justo y no pasó de mediocre, pero supo tomar ese atajo y, prácticamente, no abandonarlo nunca. Aprendió de las religiones y de los filósofos anarquistas y pacifistas, justo lo necesario, no más. Pero lo más importante es que lo puso en práctica. ***Sintetizó esos conocimientos en una filosofía de vida para su propia vida***. Es decir, no para predicar, sino para servir de ejemplo: "***mi obra soy yo***".

A diferencia de *"¡oh Jesús, el Hijo de Dios!"*, Gandhi no nació, sino que se hizo, y como tal, aprendió de errores, se corrigió y se alejó tanto de la hipocresía que casi se convirtió en la verdad misma. No hay santo, no hay ser que yo conozca, a través de lo que se me ha dicho, salvo Jesús, y tal vez Buda, que alcance tal grado de perfección.

Seguramente hay cientos, tal vez miles de personas que siguen el atajo, solo que no las conocemos, toda vez que la propia iniciativa de estos por darse a conocer puede suponer una contaminación que les desvíe de ese grado de perfección que siguen. Ahora recuerdo una imagen de monjes budistas en una marcha pacífica, descalzos y bajo la lluvia para pedir democracia en Birmania, mientras, la policía y los soldados no dudaban en apalearlos.

— ¡Los soldados sólo obedecían órdenes!.
— Ya, pero los monjes no. ***Los soldados sirven a los tiranos, los monjes a sí mismos, a su libertad, que es innata.***

La vida de Gandhi parece seguir los mismos designios que la de Jesús —salvo que "¡oh señor, mi Dios, Jesús no era humano!" —. Pero lo más relevante es que también "***estaba dispuesto a todo menos a obedecer***". Toda una contradicción a los ojos de los hombres, pues, a buen seguro te van a condenar por desobediencia. Pero la cuestión no es tan sencilla, porque no se trata de un rebelde, sino más bien de un profeta. Pues, también dijo *"tomen todo lo que quieran, mis bienes, mi casa, mis alimentos, pero no me pidáis que os rinda obediencia, no me pidáis que os venere y os sirva, porque yo soy un ser libre, y aun muerto seré más libre"*.

En verdad que en su tiempo fue un héroe para unos y un azote para otros, pero ahora, pasadas las grandes guerras y superadas muchas injusticias, mas, no viendo el final de los conflictos, **lo considero un hombre evolucionado**.

Efectivamente, como digo en mi obra, existe un atajo por el que se puede llegar ser un hevo, antes de que llegue la era del hevo, propiamente dicha. En la era del hevo no será necesario tomar atajos porque el $c.i$ del hevo es muy elevado, pongamos 300 o 500, de modo que no cometerán las barbaridades que comete el hombre actual —el hombre mono con traje—; un ser que necesita ir a la escuela más de una década para poder escribir medianamente bien, y otra década para aprender a hacer algo de provecho, y que aun así, olvida lo aprendido.

Einstein dijo de Gandhi: "*Las generaciones del porvenir apenas creerán que un hombre como éste caminó la tierra en carne y hueso*". Yo mismo, en mi incredulidad, me pregunto: "*¿De verdad que existió una persona así?*".

Ciertamente, tanta ciencia y tanta tecnología. Cuanto tiempo malogrado, cuanta basura y contaminación, cuanta destrucción, cuantas bombas. Menudo barullo social que tenemos montado, las farmacias no dan abasto. Sin embargo, la ciencia es la base del conocimiento. Sin conocimiento todo son especulaciones y tribulaciones.

Que sí, que a lo largo de la historia hay algunos ejemplos conocidos, y a buen seguro, muchos otros desconocidos. Hombres que evolucionaron y alcanzaron la virtud, trascendiendo más allá de la época que les tocó vivir. Baste citar a Jesús viviendo hace 2000 años, que si le quitas toda la imaginería te queda Gandhi.

NO HAY CAUSA PARA LUCHAR, MÁS ALLÁ DE LO PERSONAL

Ir a la guerra para defender ideales, fronteras, grupos políticos o religiosos, etc., no resuelve gran cosa. Ir al estadio a apoyar a tu equipo, reunirte para ver un partido de los tuyos, manifestarte por causas justas, no ayuda a ser mejor persona. Ir de romerías o de viajes, o ser un estudioso no te hace ser mejor.

No hay causa alguna que vaya más allá de lo personal que debas seguir, pues si lo haces, dejarás de ser justo y enfrentarás a unos contra otros, y verás a esos, tus semejantes, como enemigos y desearás acabar con ellos.

Si quieres acercarte al amor no puedes seguir a nadie ni aceptar nada, porque todo está corrupto e infecto de pecado. Prácticamente, todos los caminos llevan a la perdición y a la degradación, a pesar de que muchos parezcan ser los caminos buenos, en realidad, están disfrazados de hipocresía.

No hay por qué seguir a nadie, ni aplaudir más allá de la cortesía, porque todos somos semejantes y únicos. Si no comprendes esto estás perdido, sumergido en una batalla en la que reina la locura y la crueldad.

No hay causa, ¡olvídalo!, ***no hay razón alguna para vivir, salvo por el hecho natural de vivir. No hay valor, no hay medida, no hay más ni menos, sino que solo hay porque siempre ha habido y siempre habrá***.

Mas, sé fuerte, porque van a por ti las alimañas, y peor aún los que tienes más cerca, porque están cegados por el pecado y no pueden ver más allá del odio y la violencia que genera su ego.

¿Qué de qué partido soy?. De ninguno, es decir, del mío, «*mi Reino no es de este mundo*». Así es esto, ¿cómo voy a apoyar yo a esos que dicen ser los míos si están encolerizados?, ¿acaso he de luchar por sus causas y hacerlas mías cuando yo no veo más que luchas de poder?.

Si queremos avanzar hemos de ser activistas pasivos. Deja de salir a luchar junto a otros, a los que en gran medida no aceptas. Tu naturaleza te empuja a luchar, a reclamar derechos y a buscar enemigos. Sin embargo, ***el verdadero enemigo está dentro de ti, y no eres capaz de vencerlo***.

No hay causa última, sino causas que se enfrentan a otras causas igualmente justas para sus defensores. Romped las reglas, las normas, las biblias y escribidlas de nuevo en un solo texto y que tenga el menor número de páginas posibles. Llegado ese punto veréis que las palabras que más se repiten son bondad, amor, paz, dignidad, cooperación.

Toda división surge de la violencia y, una vez conseguida, genera más violencia. Si hubiese un solo estado en la Tierra, no habría guerras entre países, ni entre religiones, ni clases sociales, ni gobiernos, sino que todo se simplificaría a **una estructura organizativa evolutiva de autosuficiencia**.

Todo esto que digo es un atisbo del futuro que nos depara. Resulta una tanto desgarrador, pero lo cierto es que no somos sino hombres mono con traje. El hombre del futuro sentirá vergüenza ajena al repasar la historia. Si bien, no le queda otra que encajarla, porque **para llegar ser un hombre evolucionado, antes se ha de pasar por esta fase convulsa del hombre intermedio (hombre mono con traje)**.

4. LA EVOLUCIÓN A TRAVÉS DE LA MÍSTICA

4. LA EVOLUCIÓN A TRAVÉS DE LA MÍSTICA

4.01. EL DESPERTAR

El ser iluminado es como el despertar del día, cuando los rayos del Sol cruzan el horizonte y transforman el gris en rojo incandescente, mientras, el vapor de agua del mar asciende, las aves levantan el vuelo y comienzan a cantar y el perro que las ve, ladra y va de un lado a otro, los árboles se yerguen, los pétalos se abren y la tierra humea.

Despierta la Vida y alivia mi ignorante errar por la senda de los ídolos. La Verdad se ha ordenado en mi mente. Acaso ahora veo más mirando menos.

Una niñita de un año balbuceando, mi sobrinilla, descargó mucho peso de mis espaldas, subí las escaleras con más ligereza, como si su existencia próxima, en aquel instante, me impulsara hacia delante, era el camino de la vida, el significado mismo de la existencia. No hubo en aquel instante cargas, problemas ni preocupaciones. La vida se renueva.

Me siento iluminado. Miro al pasado y veo luz; veo una fuerza que me alienta como lava que emana del volcán. Me sobra el estudio, el trabajo, el renombre, porque me basta el brillo de unos ojos que empujan al mundo hacia un nuevo amanecer de esperanza y gracia.

Es como la mirada maravillada que te sorprende al asomarte a la ventana y el corazón palpita y te dice, "¡estoy vivo, que honor!". Porque sabes que te han engendrado y que hay un final. Es el momento en que lo ves todo claro. Te vacías y comprendes que es tu momento, el momento en la vida de todo humano en que se siente pleno.

No olvides ese estado de plenitud para superar las lágrimas, el desánimo e incluso las risas y el alboroto. No olvides ese instante, alárgalo y maravíllate porque estás. **Estás todo, imposible estar más**.

El iluminado, el visionario y no el torturado, el alienado. Desarrópate, despégate de la subordinación, del clasismo, del sistema. El sistema solo ha de servir para comer. La luz es la existencia misma. Distínguela y comprende que **la verdad última es que la Vida existe eternamente**. Ten gozo por saberlo, aunque vea cómo se te cae el cielo encima. Maravíllate por verla, por existir, por formar parte de la vida. No camines como un zombi, no te armes de costumbres y estatus, sino de luz. Ya sé que habrás de ser práctico en tus quehaceres, pero no te alejes de ella, para que **el gozo del saber que existes** no se te olvide.

4.02. DEL MISTICISMO AL EVOLUCIONISMO

El esfuerzo de los grandes sabios se disfrazaba de misticismo. *Tan alto y grandioso era lo que lograban divisar que maravillados se mostraban agradecidos y se postraban ante el Dios del hombre*.

Con el paso del tiempo se fueron desvelando los misterios, hasta que toda sombra de duda quedó despejada y el hombre entendió que solo era vida en un estadio de la fase de la Vida.

El ciclo de la Vida era la revelación del misterio, el alma del Dios del hombre. El hombre había llegado a un nivel de conocimiento suficiente como para hacer una radiografía del ciclo evolutivo. Había traspasado definitivamente la frontera entre lo que creía y lo que sabía. **Había superado las dudas existenciales y ya no necesitaba de un Dios mitológico poseedor de la Verdad, porque la Verdad se mostraba ante el hombre a través de su intelecto, y la comprensión se apoderaba de su mente.** Aquellos siglos de oscuridad e inquietud del hombre mono y, luego, el esfuerzo de su descendiente, el hombre tecnológico, simplemente, formaban parte del natural ciclo de evolución de la Vida.

Aún somos mitad místicos y mitad hombres evolucionados, y esto ha de ser así, y cuanto más evolucionados menos místicos y llegado el hombre evolucionado, ya no quedará nada del místico.

El Reino de Dios toca a su fin. El hombre se acerca al Dios que creó como meta inalcanzable.

DEL SER MÍSTICO

El místico es un ser anárquico que pone la justicia de la Verdad por encima de la del hombre. **Será perseguido por la justicia del hombre y su vida será una constante huida**, porque sabe que no hay lugar en la Tierra exento de odio y violencia.

A cada paso que dé, oirá comentarios ofensivos y sufrirá humillaciones, y siempre habrá alguno que hoy le dará la palmadita en la espalda y mañana lo traicionará. El agobio le sumirá entre lágrimas y desánimo y deseará salir de todo esto, rendirse y dejar de huir, pero sabe que tiene que seguir huyendo porque los problemas le buscan y le persiguen, porque también el Demonio todo lo ve.

No vendas tu vida, no regales tus valores, no te subas a ningún tren, porque todos llevan a la guerra. Y si por descuido te subes a alguno o te fuerzan a subir, que es lo más probable, cuida de bajarte a tiempo o, si eres osado, has que cambie de carril una y otra vez, para que no tenga destino final y no pare jamás.

LOS MÍSTICOS ALCANZARON AL HEVO

Puestos a avanzar, nada mejor que seguir los pasos de los místicos. Cómo renunciaron a lo material para centrarse, a conciencia, en el desarrollo interior, es decir, en sí mismos como ser que busca dominar a su inestable naturaleza, en especial, a los vaivenes de la mente.

Su pobreza material es voluntaria y tiene como finalidad acrecentar su riqueza espiritual o interna.

No es posible avanzar si no hay dominio de la mente y se renuncia a lo material y placentero. No es posible ser místico sin tomar tal decisión.

Cierto es que la figura del Dios-Jesús pesa mucho en ellos, pero no es lo único que pesa en su avance, pues adquieren destreza en todas la materias recogidas por la filosofía, la ciencia y la sociología.

En todo caso, aún es pronto para desprendernos del Dios del hombre. Podemos conocer los misterios, pero nuestra debilidad es muy grande. De manera que ***para superar a Dios hay que evolucionar mucho***. Yo lo he pospuesto hasta la llegada del hombre evolucionado. Actualmente, nuestra inteligencia no nos permite alcanzar el nivel de comprensión y dominio necesario. Por simplificar, es posible que haya que llegar a un cociente de 300 y vivir en una sociedad mucho más avanzada y uniforme.

Cuanto más cerca del Cielo estás, mejor entiendes a los humanos y a la Tierra. Los humanos que se pegan mucho a la Tierra se dejan la vida en pequeñeces y banalidades, como las ambiciones y luchas por el poder y el dinero.

El futuro hevo será más invulnerable y equilibrado, pero no será tan torpe como para creerse un Dios, sobre todo, porque desarrollará el amor al entorno.

Hoy **hemos de ver a Jesús como el místico por excelencia. El hombre más evolucionado de todos los conocidos**, el ejemplo de la perfección del hombre, el Hombre en su máxima expresión. **Todo aquel que lo sigue e imita se perfecciona en gran medida y todo el que se aleja de su mensaje se convierte en un insensato.**

LA CIUDAD DEL SOL, EL HEVO Y LOS MÍSTICOS

La Ciudad del Sol, de Tommaso Campanela, muestra apertura de miras porque deja entre ver que hay injusticias y que la gente sufre. No obstante, no pasa de una utopía, pues el protagonista llega a un Estado Ideal preexistente, y por tanto no se incluyen los pasos a seguir para llegar a ese estado. Sería acertado decir que puede considerarse como el objetivo final del socialismo utópico que llegaría después.

Sin embargo, a la vista de los regímenes comunistas surgidos a lo largo del siglo XX y XXI, ese estado seguirá siendo una utopía, es decir, una quimera, un sueño pasajero. Desde el punto de vista del evolucionismo, ese estado llegará, pero no será igual al utópico, sino, sencillamente, será más evolucionado y, por tanto, las personas que formen parte de éste, los hevos, no serán como los humanos actuales.

No se trata de hacer cambios estructurales, el asunto es mucho más complejo, se trata de evolucionar. Lo que implica una evolución física y psíquica de los humanos actuales. El hombre de hoy está a medio camino entre el mono y el hevo. Somos casi tan violentos como cualquier otro depredador, pero mucho más letales, a pesar de que tenemos reglas para contener ese ímpetu pseudo-racional. El día que esas reglas dejen de existir, ese día, será una realidad la utopía. Mientras tanto, cada día se aprueban unas cuantas reglas más para frenar un poco más a ese animal descontrolado llamado hombre.

Así que los pasos no son tanto materiales como bio-evolutivos. *El día en que se comience a eliminar esas reglas, justo ese día, habremos sobrepasado la frontera que delimita al mono del hevo*. Luego, sencillamente se irán eliminando, una tras otra, las reglas que dejen de ser necesarias para la convivencia. Es decir, el humano irá evolucionado y haciendo méritos en civismo e integración hasta llegar a ser un nuevo ser, el hevo.

El hevo no será un humano, de la misma forma que el hombre no es un mono. Así, al igual que no podemos ponernos en la piel de un mono, tampoco podemos ponernos en la de un hevo. Pero sí podemos tratar de imitarlo por momentos, como hicieron los místicos San Agustín o Tommaso Campanella, llorando por algo que atisban a ver y que no pueden alcanzar. Pueden ver a Dios, mas no pueden apenas conocerlo porque sus capacidades y conocimientos son insuficientes. También vieron esto filósofos como Descartes y Kant, aclarando que se tiene una idea de las cosas, limitada por la experiencia, pero más allá de ese límite no hay capacidad para entender, y ahí aparece Dios.

Sin embargo, me atrevo a deducir que los hevos habrán descartado por completo la idea de Dios como elemento que da sentido a la existencia, y a buen seguro, tendrán mucho más cuantificada la teoría del Ciclo Evolutivo de la Materia. De manera que el hevo tendrá perfectamente claro el ciclo evolutivo y, con ello, *el sentido de la Vida*, y encajarán en mayor medida la angustia que produce el saber que existes y el vértigo que da no poder siquiera imaginar qué es el no ser.

4.03. LA IMPORTANCIA DEL PARÁMETRO TIEMPO

El tiempo es un parámetro numérico que mide lo que tarda en cambiar una cosa. Por ejemplo, mide la duración de una persona desde que nace hasta que muere. Hemos acotado el tiempo con números, pero hemos sido los humanos y no la Vida quien definió esta escala de medida. Luego, el tiempo solo es útil para datar algunas formas de vida, como éste que piensa y escribe.

Sin embargo, la Vida es eterna, es decir, existe eternamente. No podemos medirla en tiempo, por lo que, en números, su existencia sería $\pm\infty$. La existencia de la Vida no tiene principio ni fin, y la evolución solo tiene un sentido, el de avance, cuya duración es $+\infty$. Además, se pasa por la misma fase de evolución $+\infty$ veces.

Nuestro parámetro tiempo no mide la Vida, sino los cambios o sucesos. Decimos: la vida de una estrella, refiriéndonos al tiempo durante el cual está emitiendo luz (el tiempo en el que tiene actividad termonuclear). Determinamos la vida de una planta o de un animal, al referirnos al periodo desde que germina o nace hasta que fallece o cesa su actividad biológica. Esta es una simplificación del término vida, un tecnicismo, como lo de *'vida útil'*. Sin embargo, Vida es todo lo que es, y puesto que es, es todo lo que existe. Por tanto, lo que no es no existe. Por otra parte, cualquier cosa que es, está en continua evolución, es decir, en un proceso de transformación. **Luego todo lo que es, necesariamente, evoluciona**. No podemos separar la evolución de lo que es. Por tanto, lo que no es no evoluciona.

Si digo que Vida es yo y todo lo que me rodea, es porque he llegado a esa idea como ser que piensa. Yo, que ya sé, digo que Vida es todo lo que es o todo lo que existe y también digo que ***todo existe y lo que no existe no es más que una negación de lo que existe***. Decir que no existe solo tiene sentido como negación y únicamente sirve para negar algo. Al decir "la gaviota ya no existe porque murió ahogada", negamos su existencia, cuando en realidad sólo se ha producido un cambio. Existir como tal, en esencia, existe igualmente.

Este tipo de expresiones son el resultado de una simplificación de las cosas. Buscamos respuestas rápidas para definir las cosas, pero tanta simplificación puede llevar a equívocos. **Quien sabe simplificar no tiene problemas para entender, pero quien solo aprende los conceptos simplificados no sabrá razonarlos**. Aún hay personas que sostienen con firmeza que «*el hombre está hecho a imagen y semejanza de Dios*»", dando a entender que el hombre es como Dios y el resto de seres no tienen ese privilegio.

Así que yo, un ser individual, desde mi influencia como ser que sabe y piensa, digo que "***Vida es lo que es, lo que existe. La Vida es el infinito de la cosa o el todo***". Y me atrevo, como otros, a teorizar sobre ella, seguramente porque en la Vida, que es infinita, estamos nosotros que podemos teorizar.

Estamos nosotros que creemos entender algo de todo esto, por supuesto, sin pretender acotar el entendimiento, sin valorarse o categorizarse más que para vivir como humanos que somos, pues, otra valoración distinta es una falacia, un autoengaño propiciado por nuestro ego.

La frase "no tomarás el nombre de Dios en vano" encierra sabiduría, pero pareciera que ha llegado hasta nosotros como caída del Cielo. Sin embargo, yo estoy definiendo la misma cosa, puesto que definir la Vida o tener entendimiento y esa frase están en la misma línea de la verdad. **La Vida es del tamaño de Dios y Dios es del tamaño de la Vida**. El no querer entender esto y negarlo es engañarse y manipular la verdad, lo cual es vano porque la verdad es lo que es, mientras que lo que podamos decir que es, puede serlo o no.

Veamos una vez más el nexo entre Vida y tiempo. Cuando decimos que nos hacemos viejos, queremos decir que con el paso del tiempo vamos cambiando. Al igual que una piedra se va erosionando por la acción de los agentes climáticos, y luego los materiales desprendidos se desplazan a otro lugar y se forma otra piedra de diferentes características aparentes. También podemos ver cambios a nivel energético, como ocurre con la Tierra, que ha pasado por periodos de calentamiento y periodos de enfriamiento, debido distintos a fenómenos (internos, atmosféricos, orbitales, choques con otros astros, energía del sol, etc.).

Definida la Vida, si se quiere ver un determinado movimiento, como el vuelo de una gaviota, tomando un cronómetro (programado para contar días solares en fracciones de igual duración, horas, minutos, segundos...), comprobaremos que tardará un tiempo t en viajar de un lugar a otro. Básicamente vemos que se produce un cambio de posición, pero la Vida no cambia. Los diferenciales de presiones desplazan partículas de un continente a otro, un átomo ha llegado a la Tierra procedente de otra galaxia, infinita materia pasó a infinita distancia de infinitos lugares, pero como si nada, la Vida no cambia lo más mínimo.

¿Cómo aplicar el entendimiento a una sociedad?. La sociedad es un conjunto de humanos que ha surgido en un medio. Es decir, una sucesión de cambios en los elementos de un medio ha llevado a lo que somos nosotros. Simplificando, podríamos decir que **la Tierra nos ha parido**. La Tierra está viva y nosotros somos sus hijos. ***Pero la Tierra también fue engendrada, y los astros que nos iluminan y otros que están más distantes, y no puede haber unos sin los otros,* lo que nos lleva a la definición de una unidad que lo contiene todo, que es la Vida, y a un proceso de cambios en sentido unidireccional o proceso evolutivo, que necesariamente es cíclico y se repite una y otra vez.**

Pensar qué hacemos aquí, por qué existimos, etc., no es más que un ejercicio de las ideas que tenemos como ser que piensa. Todos nos planteamos estas cuestiones, hasta que exhaustos dejamos de pensar en ello y pasamos a pensar en otra cosa más inmediata y, en algunos casos, más imperiosa, como por ejemplo, comer. Pensamos en comer cuando tenemos síntomas que indican necesidad de tomar alimento. También pensamos en aprovisionarnos de alimentos para disponer de ellos cuando necesitemos ingerirlos. Así que pensar en temas trascendentales suele estar en un segundo plano, ya que solo obedecen al ansia por saber, por lo que lo relacionamos más con el intelecto. Como no hay un beneficio claro, puesto que ni tenemos más, ni somos más que, solemos abandonar y dedicarnos al trabajo y al disfrute material. Gran error, pues abandonar el esfuerzo por conocer a la Vida y al Amor nos llena de oscuridad y hace que vayamos desorientados y seamos presa fácil de los caprichos y las apariencias. Esta es la sociedad actual, una sociedad materialista centrada en la «calidad de vida», cuyo individuos se dedican a esforzarse para *tener más que y ser más que*.

4.04. NO HAY PRINCIPIO

¿Acaso unas palabras ofensivas destruyen un castillo o son los martillos y picos los que tiran sus murallas?. ¿Acaso una cosa justifica la otra o todo se justifica buscando un comienzo?. **¿Dónde está el comienzo?. Decídmelo y yo iré para borrarlo**. ¿Dónde está la causa?, y yo acudiré a revocarla, y ¿dónde los efectos?, que yo levantaré nuevamente los muros. Mas, mucho me temo que se me acabarán los días y quedarán muros sin levantar y otros se tirarán, porque no hay comienzo o, en todo caso, es inalcanzable.

Propongo no buscar el comienzo, ni levantar castillos, sino **vivir integrados, como impregnados en el hábitat, como estampas en el paisaje**. No busquéis, porque lo que hay es lo que está, y no levantéis murallas, porque así no podréis ver, ni construyáis castillos porque os quedaréis encerrados. Limitaros a guareceros cuando llueva y cuando haya sol salid afuera y contemplad, contemplad a la Vida.

4.05. LA UNIDAD

De todo lo que he pensado, con todo el rigor y uso de razón que me fuere posible, lo más grande, lo más claro y consistente que he podido entender es que somos hijos de la Vida, y habiendo entendido esto, se funden Padre, Hijo y Espíritu (mente) en una misma cosa, que se llama Vida. La Vida, una sola Vida de dimensiones y contenido indefinido y eterno, y cada cosa, cada elemento, por grande o pequeño que se quiera, es Vida.

El único valor que distingue al hombre del resto de las cosas que conoce es que puede conocer esto, y escribirlo, incluso, matizando muchos detalles, explicando el porqué esto y lo otro. Pero aparte de eso que lo distingue de otros seres que conocemos, **el hombre es materia igual**.

Nuestra existencia es ahora y es eterna, porque la Vida no cambia ni en sus dimensiones externas ni en su contenido interno. Al ser eterna, las cosas suceden continuamente en infinidad de lugares y en infinidad de momentos del tiempo.

Pero *en este camino de entendimiento hay elementos de la mente que escapan a nuestra comprensión*, y que a veces pueden llevarnos al borde de la locura. Por eso, conviene partir de la base de que *en realidad no sabemos cómo es el ser, sino que solo creemos saber cómo es*. Como la frases de Jesús *"yo he venido para que los ciegos vean, para los que creen ver cieguen, para que los humildes vean la luz y que los poderosos sean necios"*.

Jesús decía que iba a cambiar la realidad, que las cosas no son como la gente cree que son, que la Verdad es otra y la que manejamos es pura hipocresía. Para ello usó un poder especial, algo que su Padre (Dios) transmitía a través de él. Con este poder hablaba sabiamente, sanaba y cambiaba realidades, incluso hasta la muerte la transformaba en vida. Así, cuando todos decían que Lázaro estaba muerto, se equivocaban, el dice "Lázaro está vivo" y lo estaba. Si hubiese estado muerto, muerto quedaría. Supongo que él sabía que estaba vivo, solo él.

Pero el hecho de que ocurrieran estos sucesos, aparentemente sobrenaturales, no significa que su mente tuviese un poder especial, sino que su mente estaba conectada a mucha más información que la que manejaban otras conciencias, y cuando alguna información salta a la zona consciente, por canales desconocidos, experimentamos experiencias inexplicables a los ojos de la ciencia.

Seguramente, hay una estrecha relación entre estos planteamientos y los conocidos mentalistas, adivinos y profetas. A poco que rebuscamos aparecen lastres como los astrólogos, los supersticiosos, los fanáticos, las sectas y las creencias que hacen que los individuos se vuelvan inseguros y ciegos ante la realidad.

Con este panorama, divisamos un individuo guiado por una mente que duda y que se debilita o fortalece con valores vanos, con mensajes que oscilan entre lo catastrófico y lo idílico.

Si bien, occidente corre hacia el materialismo, como si con esto se quitara lastre y, en cierto modo, se lo quita, pero a cambio consume de forma insaciable agotando los recursos y contaminando su entorno. ***Una sociedad que se autoexamina por la estética no puede llegar a la ética.***

Aún con todo, una cosa no quita la otra. Descubrir a la Vida ha sido la luz que necesitaba el hombre para evolucionar.

4.06. CÓMO ES LA VIDA

La Vida es como el llanto de un niño hambriento. Y llorará cada vez que tenga hambre. Porque la Vida te exige gestos, a modo de respuestas, y a cada gesto que le das, te abre una puerta del conocimiento.

Y **cuantos más conocimientos adquieres más conoces a la Vida, y una vez que llegas a entenderla, te asombras y te iluminas porque en ese estado de gracia te confundes con la Vida**. *Pero no es el cuerpo lo que se une, sino tu mente, que es la que ha hecho el viaje. Y cuanto más estés a por la Vida, más desapego tienes al cuerpo, que en definitiva es la vida sin saberlo. Es la mente pasajera invisible que subida al cuerpo ha encontrado la gracia, que es la verdad última, la caja de las respuestas, la Vida en toda su inmensidad.*

La Vida es, vista por esa mente, **un número indefinido de elementos que viajan por el espacio infinito por siempre jamás y que en esa aventura adoptan múltiples relaciones de proximidad, y que nosotros visionamos por su forma, tamaño, textura, color y radiación** para un mejor conocimiento de los mismos.

Los humanos, conforme adquieren entendimiento, van saliendo de su asombro, si bien, mucho es el tiempo dedicado a la subsistencia y a las obligaciones sociales, quedando muy mermado el dedicado al conocimiento del fondo.

Frases como *"la vida es así"*, *"son cosas de la vida"* o *"es ley de vida"*, son usadas habitualmente para explicar hechos singulares como la muerte, el nacimiento o cualquier acontecimiento que no es posible cambiar directamente por el hombre, sino que son fruto del devenir.

4.07. VIDA INTELIGENTE

— ¿Dónde está la inteligencia?. Tal vez, en el que se interesa por la ciencia, o en el poeta experto en el uso de metáforas, en el hábil ladrón, en el político orador infatigable, o en el que sabe dar patadas a un balón o, tal vez, en el que puso una bandera en lo más alto.

— La inteligencia no está en ninguno de ellos sino en la Vida, porque **la Vida es quien te da lo que necesitas**. "Pedid y se os dará, a su debido tiempo". "Tiende a" y lo serás. Quien se esfuerza en correr tendrá unas piernas fuertes. Quien agite sus brazos para volar, volará. Quien quiera sumergirse más y más en el agua, tendrá branquias. **Quien piense, entenderá**.

No serás tú, quien diga a la Vida lo que ha de hacer. Tú llora, quéjate, pide y se te dará, en su justa medida. Pero como es difícil correr y volar a la vez, si pretendes ambas cosas, se te dará la mitad de cada una, y serás una gallina. Y si quieres vivir en tierra firme y en el mar a la vez, se te dará la mitad y serás anfibio.

— ¿Y si no pido nada?.

— Nadie no pide nada. Esto no funciona así. Somos materia en constante evolución. **La evolución es lo que pides**. No cabe concebir materia sin evolución, pues concebir es eso mismo. Porque cada cosa está en un punto de evolución y no cabe materia fuera de esto. Todo está íntimamente relacionado formando una unidad, que es la Vida.

4.08. LA GRANDEZA

¿Quieres ser verdaderamente grande?, ¿sentirte vivo?, ¿sentirte importante?. Pues, solo tienes que decir *"¡hágase la luz!"*, y deja que tus ojos brillen y se lagrimeen. Verás que se despeja tu mente, cesan las preocupaciones y te sube el ánimo. Porque quien siente la necesidad de decir *"¡hágase la luz!"*, es que busca esperanza, busca un nuevo horizonte, una razón para seguir.

Además, encierra muchas otras cosas:

— Demuestra iniciativa, porque eres tú el que lo dice y no otro. Eres tú quien quiere entrar en la razón Universal, que es el entendimiento de las cosas sin dejar detalles fuera, sino como un todo único.

— Demuestra que la mente se niega a seguir por donde va, que quiere ver más allá, que quiere tener las cosas claras y dejar de estar oprimida por situaciones circunstanciales y esquemas preestablecidos. La mente busca más libertad y sabe que ese es el premio por alcanzar el entendimiento.

— Demuestra que estamos sumidos en la penumbra, en la ofuscación, en la negación de la verdad. Que la justicia del hombre no es comparable con la justicia Universal, que es la verdad misma. Que solo son justos los iluminados, y quienes vivimos sumidos en materialismos, irremediablemente, nos equivocamos porque actuamos como necios al compararnos, al pretender *ser mejor que*.

— Demuestra que queremos ver más allá de la muerte, superándola, pues quien ve la luz solo ve Vida. Para él no existe la muerte, porque la Vida es una. Así que, en haciéndose la Luz, ya no hay dudas, ni miedos, sino calma y valor.

Y aunque sea una metáfora, no es menos cierto que la luz del día nos pone en marcha y la oscuridad no adormece y sumerge en sueños impredecibles. Es la conciencia abriéndose camino en medio de pesadillas, disparates y paranoias. Es **el imperio de la razón frente a la locura de un aluvión de pensamientos descontrolados**. Es el que quiere levantarse, esperando estar descansado. Es el despertar para vivir de nuevo.

EL RESURGIR

Cuando todo está en contra es cuando surge la verdadera fuerza de la razón, que de aflorar, nos eleva por encima de todas las cenizas.

4.09. CÓMO MIRAR AL PASADO

Dijo el papa Clemente: "*no podemos mirar al pasado con los ojos del presente*". Esto será una realidad normalizada en algún momento de la evolución. Será el momento en el que los individuos verán el pasado con respeto y consideración, sabiendo que la evolución es un proceso natural y continuado en el tiempo y que el tiempo es imparable y unidireccional, es decir, que solo avanza, y lo hace de forma constante y uniforme.

Las apreciaciones de la física sobre la contracción y dilatación del tiempo, solo son apariencias o percepciones en base a la velocidad con que se producen los cambios (p.e., si a la velocidad c, se dice que el tiempo transcurre más rápido es porque hay más cambios en la materia que a la velocidad de desplazamiento habitual para los humanos, de manera que si en la Tierra pasan 20 años y somos 20 años más viejos, si viajamos a esa velocidad después de 20 años podemos parecer solo 1 año más viejos).

Cada momento de la evolución tiene unas características y unos condicionantes. Lógicamente, al evolucionar somos más conscientes de esto y nos resulta más fácil entenderlo. Y solo cuando se entiende algo puede comprenderse el por qué de eso. **Somos lo que heredamos de nuestros antecesores, más lo que experimentamos a lo largo de nuestra vida**. Así se produce la evolución, por la transmisión de conocimientos más los que añadimos nosotros. Así que no hay hoy sin ayer y **lo que somos hoy es por lo que fuimos ayer**.

No vivas en el pasado, el presente es tan bueno como el ayer. Pero si piensas que cometiste algún error, corrígete, no pasa nada por unas pequeñas correcciones, todo lo contrario, sentirás mejoría. Ten en cuenta que **la recompensa es el propio esfuerzo para corregirte**. Esto es lo que te engrandecerá, tú lucha por crecer y ser adulto. *Andabas descalzo y con los pies agrietados y ahora usas calzado y no te duelen los pies.*

Naces vacío y vas aprendiendo y haciendo camino. Mientras vas creciendo comienzan las dudas, te preguntas: ¿hacia dónde voy?, ¿qué camino es éste que llevo?, ¿cuándo llegaré?. La respuesta a tus dudas llegará en el momento en que alcances el grado de maestro o guía. A partir de ese momento se acabarán las cuestas y las vacilaciones y allanarás los caminos. Mas no dejarás nunca de caminar, solo que a partir de entonces caminarás delante. Si llegas ahí, muchos te seguirán.

4.10. EL SER MÁS RELEVANTE

He conocido a muchas personalidades, pero la que más destaca de todas ellas, la más relevante de cuantas he conocido, soy yo.

Porque yo soy la Vida, y conociendo la verdad y el camino, no hay nada que yo no sea, ni nada que no conozca de ese reino. Bájate de ahí y te pierdes en banalidades, como son los caprichos, los deseos e hipocresías. Apéate de los valores y abrazarás todo lo mezquino que hay en el hombre de depredador y egocéntrico.

4.11. EL DIOS DEL HOMBRE

La figura de Dios ha cambiado la relación entre el hombre y la Tierra. En gran manera, lo ha ensalzado y enajenado. Se especula con que Dios surge como explicación última de todas las cosas pero, verdaderamente, lo que subyace es más un compendio moral que pretende orientar el comportamiento social del hombre que una definición del porqué de todo. Son constantes las referencias a lo bueno y lo malo, a lo que es socialmente aceptable y a lo que es condenable. Del lado bueno está Dios y del otro el Diablo, la luz y la oscuridad, el camino recto y la perdición. Aún hoy día se dice que solo con amor y buenas acciones se llega a conocer a Dios y que solo así se alcanza la plenitud y la felicidad.

Para entender realmente lo que es Dios, debemos retroceder a las sociedades más primitivas, cuando dominaban las religiones politeístas. Fue una época en la que el hombre simbolizaba a los distintos elementos de la naturaleza con un Dios. Hay un Dios para el Sol, para la Tierra, el mar, la lluvia, la fertilidad, el amor, la guerra... Cada uno representa una gran incógnita, algo que supera el entendimiento y la fuerza dominadora del hombre.

Entender de dioses era propio de personas sabias. En otro orden estaba el Derecho, que constituía un conjunto de reglas de convivencia encaminadas a mantener el orden social, es decir, una comunidad cuyos miembros debían comportarse conforme a unos deberes y obligaciones y unos derechos y libertades. Evidentemente, tenían en cuenta los privilegios en función de unas clases sociales o grupos de poder y se elegía a una autoridad que velaba por su cumplimiento y adoptaba un régimen sancionador.

Paralelamente surge el judaísmo, que adoraba a un solo Dios supremo. Un ser sublime, inmaculado, recto, que se muestra como lo inalcanzable o como la meta a la que todos corren y nadie llega. Un Dios que juzga, salvando a los buenos y condenando a los malos. Pero la realidad es que quienes lo representaban eran los que juzgaban. Se mezcla Dios, el Derecho y la moral. Sin embargo, la verdad está inserta en el mensaje y se aleja del hombre, que es un ser abominable y usa cualquier hecho en su propio beneficio. El mensaje es de salvación, pero son pocos o ninguno los que se salvarán.

Los ateos y las religiones no teístas, como el budismo, no están en esta tesitura, pero tienen una moral similar, lo que viene a aclarar que **todos caminamos en una misma dirección**, cuya meta es alcanzar la felicidad o, al menos, el sentido de la vida. **Poner a Dios en la meta no pasa de ser un simbolismo**. Así, quien respeta la dignidad de los demás llega a la meta y quien cuida su comportamiento y se desvive por ayudar también llega a la meta. Por el contrario, quien ofende, quien rechaza, quien quita algo a los demás no llegará. Y ya estamos en el planteamiento moral de lo bueno y lo malo, que nada tiene que ver con el Dios de la creación, de la vida, de lo que sobrepasa el conocimiento y el poder del hombre.

Occidente se ha declinado por el Derecho, un conjunto de normas de convivencia promovidas por los gobiernos y custodiadas por jueces. Supuestamente, contentan a la mayoría y se aplican de la misma manera, con más o menos acierto. Pero si solo quedara esto, la Verdad quedaría coja cada vez que haya un error o una trampa dentro del sistema. **La religión está relegada a una moral opcional que delega en Dios el**

Juicio, para que la Verdad esté a salvo. Dios no se equivoca y no puede ser engañado porque lo sabe todo.

La ley de Dios es más restrictiva, aunque muy parecida. Pero hay una gran diferencia, aquí juzga Dios, o sea nadie, o sea uno mismo, en base a la Verdad que caracteriza a la Vida. Pero en la Vida está el hombre y el hombre engaña. De modo que parte de la Vida tiene la facultad de engañar. Luego engañar es parte de la Vida, de hecho, juega un papel importante en la supervivencia del individuo frente a los otros.

El hombre decide si engaña o no, y en función de esto serán las consecuencias. Cada paso, cada decisión y cada acto tiene unas consecuencias.

De la mentira no se obtiene la verdad, ***la verdad se obtiene de desenmascarar la mentira, la mentira se obtiene de quien oculta la verdad.***

Aclaraciones:

— El hombre, la Tierra y todo lo que es, es patrimonio de la Vida, no hay otra explicación. No cabe plantearnos el porqué, ya que entraríamos en lo irracional.

— El Derecho es un conjunto de normas sociales a cumplir por cada individuo y su incumplimiento es sancionable.

— La religión sirve como moral paralela al Derecho, es muy similar pero no es obligatoria ni sancionable, sino optativa y orientadora, y su objetivo es lograr el equilibrio emocional y la felicidad de todos. Además, la felicidad es plena si es global, de ahí que la religión promueva la caridad.

— La conjunción de vida, derecho y moral tiene su base en el entendimiento del hombre como ser que existe, evoluciona y convive.

La felicidad es un estado de equilibrio que requiere de las tres ciencias. Parte del entendimiento de qué somos (Vida), de cómo somos (moral) y cómo convivimos (Derecho). La felicidad no es meramente material, sino un estado mental. Sin embargo, un entorno hostil no ayuda. No vale cualquier cosa, no puede encontrarse la felicidad en la guerra, los abusos y la marginación, sino más bien en todo lo contrario, en la paz, la igualdad y el respeto. Pues, si decidimos que el fin de la Vida, el Derecho y la Moral es la felicidad, es porque es necesario entender a la Vida y respetar y comportarse adecuadamente.

Volvemos al bien y el mal. Sí, me repito al decir que **el bien es lo natural y el mal es un invento del hombre. El hombre al evolucionar genera mal y con el Derecho y la moral sanciona y rechaza ese mal.** No vale decir tengo derecho a esto, o tengo la moral que quiero, y pretender que la sociedad lo acepte. La sociedad se organiza y establece unas reglas de convivencia, si tienes otras te rechaza. **No todo vale, vale lo que vale para todos, así debe analizarse la libertad**.

DIOS, LO INALCANZABLE

Dios no creó al hombre y al universo, es justo al contrario, el hombre creó a Dios. ***El hombre en su ignorancia y apoyado en su desmedido egocentrismo, creó a Dios***, y dijo "*en el principio Dios creó la Tierra y el Cielo...y luego creó al hombre a su imagen y semejanza*". Así, el hombre se pone a la altura de Dios y todo lo demás está creado para servir al hombre. ***El hombre desciende de Dios, luego el primer hombre es Dios***.

Durante un tiempo convivieron culturas monoteístas y politeístas. Se me antoja que las politeístas eran más llevaderas (la cultura griega sigue imperando), salvo por el problema de que los faraones, emperadores y césares también se erigieron en dioses y que en su declive terminó imperando el monoteísmo. Si bien, han ido surgiendo líderes, algunos de ellos son llamados profetas, y a cual dice ser el último y verdadero transmisor entre Dios y el hombre. La inmensa mayoría han fracasado en su campaña por destacar, quedando, básicamente, Buda, Jesús y Mahoma. De estos, sólo Jesús es considerado profeta e hijo de Dios. Buda es considerado un sabio, y Mahoma, que se calificó a sí mismo como un pecador y que siendo gobernador, dictó unas normas de conducta aún más restrictivas que las judías.

La creación de Dios fue una necesidad, un mal menor. Dios es lo inalcanzable del hombre. El hombre quiere ser Dios, pero no puede. La ciencia avanza y poco a poco pone al hombre en el lugar que le corresponde de la existencia.

Sin embargo, soy un místico ateo, porque, aun sabiendo esto que digo, hay en la religión una filosofía del amor que no puede obviarse. El amor es lo que integra al hombre en el universo. Es su principal característica.

EL HOMBRE DIOS

¿Puede el hombre ser Dios?. A los ojos de los hombres, todo aquel que hace cosas que la razón no llega a comprender, tiene algo de Dios. Luego, quien más cosas extraordinarias haga, más se parece a Dios. Los católicos igualan Jesús a Dios, pero si conociesen a los hombres evolucionados, habrían de replantearse el situar la línea con Dios un poco más allá.

La historia ha dado ejemplos de hombres con capacidades extraordinarias, sin embargo, el futuro desvelará y superará ese poder especial. También ha dado genios que han contribuido a comprender y desarrollar procesos cada vez más complejos y sofisticados que elevan nuestra capacidad de manipulación de la materia, pero todo se va asimilando y mejorando, quedando aquellos como meros principiantes. Por eso, **para los hombres evolucionados ya no hay hombre-Dios**, sino hombres con capacidades muy superiores al hombre mono y al hombre tecnológico.

Hemos de entender la historia y el ciclo evolutivo de la materia para dar por justificados los hechos acontecidos. Sobran las lamentaciones y el reírnos de lo equivocados que estaban aquellos, porque **aquellos somos nosotros en ese tiempo**, en ese periodo evolutivo.

LO HUMANO Y LO DIVINO DE LA FIGURA DE DIOS

El concepto generalizado que se tiene de Dios es el de alguien poderoso que juzga tus actos y pensamientos. Aún los que lo niegan están sometidos a este efecto correctivo y represivo. Es una especie de conciencia suprema. Esa conciencia es la base de la moral y de las leyes, por supuesto, con las desviaciones y manipulaciones de sectores interesados y las costumbres sociales y limitaciones conceptuales propias de cada época.

Así, desde muy joven mantenemos una **comunicación permanente entre nuestra conciencia y la conciencia suprema, esto es, entre el Yo y Dios.** Esto genera un aprendizaje que nos aproxima a Dios, pudiendo en determinados momentos creer que somos el mismo Dios (el pensamiento influyente es suficiente, que viene a ser, lo que uno piensa y el cómo se desarrolla la realidad que te rodea).

No había lugar al que fuera que no percibiera dicho fenómeno, las consultas invadían mi mente y yo no paraba de responder a ellas, lo que me sometía a un esfuerzo mental agotador. A poco que podía, huía de todo para descansar y ordenar las ideas, mas, ese rincón estaba dentro de mí.

Una buena fórmula para ordenar las ideas es eliminar todo lo que no sea básico para el entendimiento (modas, tendencias, novedades, tradiciones, costumbres, egoísmos, clasismos, políticas, materialismos...), despejar la mente de cosas intranscendentes y dedicar este espacio al entendimiento de la Vida (que es la respuesta última).

Es lo divino y lo humano que hay en cada uno de nosotros. *Yo había encontrado la luz divina, el camino, y me había convertido en Maestro. Pero la conversión no era plena, sino relativa, de modo que el grado de conversión variaba según la conciencia se inclinase más hacia lo humano o hacia lo divino.*

El Maestro es un reparador, un solucionador de problemas, pero hay cosas en las que no es fácil entrar. El poder es limitado, tanto que resulta insignificante e intrascendente, si se compara con la visión de la Vida. **Yo no soy el centro del mundo, ni lo más evolucionado, solo soy Vida, como lo es todo. Soy tan significativo como cualquier cosa, soy la misma medida.**

Hablas con el Dios-hombre y unas veces le respondes a Dios y otras al hombre. Es algo inherente a lo humano. **Dios está hecho por y para el hombre. Es la conciencia suprema del hombre. Es el superhombre, el sabio, el todopoderoso, lo sublime.** A veces hablas al hombre y a veces al Dios, pero son la misma cosa y cuando amas a uno, también amas al otro.

A la derecha de Dios hemos colocado a Jesús. Es el más destacado, el Buen Pastor. Tanto, que muchos lo colocaron solo como divino. Su nacimiento se exaltó tanto que fue concebido por Dios y María.

Jesús nunca aceptó tan tremendas exageraciones, del todo irracionales. **No hay absolutamente nada que escape a lo racional, por más inexplicable que nos parezca algo, siempre obedece a una lógica racional.**

Todo el poder que alcanzó fue por entender, por influir, por desarrollar lo divino para no errar. Los conversos se igualan a él en muchas cosas, especialmente los apóstoles, por ser los más cercanos a él y conocer sus planteamientos. En el siguiente escalón nos encontramos a los místicos, que experimentan la conversión en base al aprendizaje y la reflexión.

También está la figura de Judas en esa época, al igual que está en la actualidad. Si un conocido te dice que eres admirable y una gran persona y luego habla mal de ti a otros para beneficiarse, esa persona es un Judas.

Tras la etapa de confusión vendrá la claridad y la armonía. Mientras, vagaremos como monos con traje, error sobre error, desorden en medio del caos, alegría confundida por simples acontecimientos, necia inteligencia, terquedad, egocentrismo, mezquindad, hipocresía. Monos con traje que lo devoramos todo y nos autodestruimos.

Luego ***llegará el hombre evolucionado, integrado y rehaciendo lo que nosotros consideramos modernidad y que no es otra cosa que agredir a todo lo que nos rodea.***

LA TENDENCIA A SER COMO DIOS

Mi postura siempre ha sido de que *"hay que ser como Jesús"*, en lugar de la postura mayoritaria de que *"hay que seguir a Jesús"*. Seguidores de Jesús, en mayor o menor medida, somos todos. De manera que cada cual justifica sus actos, engañándose a sí mismo, para colocarse en la cola de los seguidores de Jesús.

Ser seguidor de Jesús significa ser menos que él y, por tanto, admitir que no somos tan buenos y perfectos. Esto, en mayor o menor grado, abre la puerta a consentir errores, deslices, licencias, corruptelas, engaños, mentiras mal llamadas piadosas, y un largo etcétera de actos que nada tienen que ver con el ideal a perseguir. Por eso digo que para alcanzar la virtud, que es la perfecta razón, hay que ser como Jesús. Es decir, hay que ir sólo, delante, con valentía. **Nada de ocultarse tras los supuestos ideales de otros, nada de repetir los mensajes oídos. Hay que ser uno, con pensamiento propio.**

No hagas lo que consideras que es contrario a tu conciencia. Pues, si dejas correr a tu conciencia, sale la esencia de la razón, que a buen seguro, está almacenada en tu mente. Téngase en cuenta que yo postulo que **todo el conocimiento de la humanidad, tanto del pasado como del presente, está en cada una de las mentes de los que estamos vivos. Si bien, cada uno debe encajar su realidad y encaminarla en la dirección que estime.** Y aquí, en esa meta trazada, es donde digo que *"hay que ser como Jesús"*.

De alguna manera, esto es lo que proponen los *Panteístas* y otros filósofos místicos como <u>Friedrich Krauss</u>, que **la meta debe ser alcanzar el Ser Supremo.**

A diferencia de ellos, yo prefiero no usar el concepto Dios, puesto que tiene muchos usos y ni siquiera se aclaran entre los religiosos, donde los católicos dicen que Jesús es Dios y los reformados sostienen que sólo es el hijo de Dios. Entre los filósofos tampoco hay acuerdo. Unos lo niegan, otros lo igualan a la Naturaleza, otros lo colocan en el Principio de la creación, etc. <u>Krauss</u> va más allá que los Panteístas, que lo igualan a la naturaleza, y lo considera un Ser Supremo. Por ello, en su visión mística, ve al hombre como un potencial Ser Supremo.

No hay nada de esto si partimos del Ciclo Evolutivo de la Materia. Todo es materia y se diferencia por el estado evolutivo en que se encuentre, mas, al ser cíclico, aquella materia que ahora puede considerarse, equivocadamente, superior, pasado un tiempo será polvo mineral. **Los humanos, en su ignorancia, se tornan sumamente egoístas al creerse superior a todo lo demás, excepto a Dios**. Muchos consideran que el siguiente eslabón en su evolución es ser un Dios o un Ser Supremo. Parecen ignorar que la Tierra puede desaparecer en cualquier momento. Bastaría que pasase cerca una estrella para que todo se desintegre. Imagina una estrella mil millones de veces más grande que el Sol, cruzando nuestro sistema solar. El sistema solar sería como grano de arena empujado por el viento.

No somos superiores. Si bien, puede orientarnos saber que "*pienso, luego existo*". Pero esto no es excusa para creer que el resto de la materia no sabe que existe. Además, de qué nos sirve saber que existimos. "*Eureka, acabo de darme cuenta de que existo*". **La existencia no necesita saber que existe, pues todo lo que es existe y no existe nada que no sea**.

Nuestra ignorancia es grande, pero eso tampoco es importante para la existencia, porque es, exactamente, la ignorancia que corresponde a nuestra fase de la evolución.

Aún con todo, considero que lo más sabio es "*ser como Jesús*". Pero no como el Jesús de los musulmanes que retornan a vestir al modo de Mahoma, sino como "***el Yo que hace camino al andar y que sabe que no se puede ir hacia atrás***".

4.12. EL BUEN PASTOR

Un buen pastor de ovejas es el que vela por ellas, protegiéndolas, guiándolas a los prados más ricos, ahuyentando a los lobos, sanándolas, ayudando en los partos, en definitiva, amándolas como a sí mismo. El Buen Pastor guía a las personas (*"Yo soy el Buen Pastor"*), para que lleven una vida pacífica y de colaboración, alejándolos del egoísmo y la falsedad, amándolas como a sí mismo.

Un pastor puede ser un filósofo, un sabio que consigue explicar los porqués de la vida, pero el buen pastor, además, se preocupa de que haya armonía y respeto entre todas las personas, sin distinción, como hermanos que son, puesto que todos deben su origen a un mismo padre.

Hay una gran diferencia entre ser pastor y ser el Buen Pastor. Pues, de alguna manera, todo somos pastores, pero buenos ya no hay tantos.

La filosofía nos enseña la realidad, la ciencia la deduce y la justicia nos conduce por ella. El buen pastor nos muestra, además, el buen hacer, limpio de egoísmo y de reglas. "*Los primeros serán los últimos y los últimos los primeros*". "*El más grande, por soberbio, será el más ciego y el más pequeño, por humilde, será quien más vea*". Así, son sus enseñanzas, porque el buen pastor no hostiga, ni da prisa, pues, sabe que la vida no tiene dirección, no lleva a un destino, sino simplemente está, eternamente.

El buen pastor es el sanador de mentes, la guía perfecta, la comprensión de todo, que es la Vida. Mas, no por más hacer se comprende más. Al contrario, se destruye más y se cometen más errores. ***Se trata de ser conscientes del no hacer como solución a todos los males*** que aquejan a la humanidad. Ese es el camino por el que te lleva el buen pastor, "*abandónalo todo y sígueme*", y **no teniendo nada material se abrirán todas las puertas de la verdadera riqueza**, que es la comprensión de la Vida.

La iglesia iguala Dios y el Buen Pastor, pero en el evangelio, Jesús siempre habla de su Padre y de que él no tiene poder sino que su padre lo transmite a través de él. Si actualizamos este mensaje, el Buen Pastor, necesariamente, ha de conocer a la Vida. Ese conocimiento le proporciona sabiduría y entendimiento, por lo que ante tal comprensión, Jesús se dispuso a predicar la Verdad sobre la Vida, que es eterna, y sobre qué hacer para entenderla.

Una de las claves es defender a la Vida, solo así se llega a comprenderla. Aunque siempre quedarán los que digan que "da igual, haga lo que haga yo, la Vida es eterna". Cierto, y con la evolución, cambiarán los planteamientos. Pero el hombre evolucionado respetará aún más a la Vida que el hombre actual. Es como si la Vida se protegiera así misma. Para evolucionar hay que preservar y no destruir a los otros, porque esto es la guerra, y toda guerra es un atraso, una desprotección, un paso atrás.

EL MAL ES UN INVENTO DEL HOMBRE

Tan sólo aclarar que, de existir **el mal, si es que existe, es un invento del hombre**. Sin embargo, no estoy de acuerdo con las tesis, especialmente las cristianas, que asocian el bien a Dios y a los santos.

Tomás de Aquino, por ejemplo, considera el mal como una mera corrupción y no como un ente malo, y que todo ente es bueno.

Considero esto una simplificación debida a cierta alineación con el cristianismo. De hecho, todos los doctores de la iglesia parecen aceptar las tesis de _Platón_ y _Aristóteles_, y muchas otras. Pero buscan en ellas resquicios para meter su obsesiva fe cristiana. En lugar de añadir o aportar algo, se empecinan en buscarle cabida en su misticismo, que yo concibo como una conducta simple.

Perdón por lo de conducta simple, el misticismo es el camino más tortuoso al que puede enfrentarse un hombre. El desapego de los bienes materiales, la contemplación y meditación, la eliminación de los deseos y del egoísmo, es, a la vista de cualquier mortal, un imposible. Así pues, todo lo que escriban los místicos es digno de ser leído e incluso de ser imitado. Por eso considero que hay una estrecha relación entre los místicos y el hombre evolucionado. Puesto que los místicos evolucionaron a partir de la fe en lugar del conocimiento contrastado y, además, hubieron de hacerlo en medio de una sociedad prácticamente ignorante.

El mal es un concepto creado por el hombre para distinguir lo socialmente justo de lo injusto.

Lógicamente, el ente, al igual que el hombre, no es, en sí, malo, pero tampoco bueno. Aunque tampoco hemos de descartar el aforismo de _Bías de Priene_ (uno de los siete sabios griegos del VI a.C): "*la mayoría de los hombres son malos*".

La cosa no puede ser buena o mala, sino sólo cosa. Son sus actos los que pueden ser considerados buenos o malos. Pero para llegar a esta consideración, primero hay que especificar qué actos son buenos y qué actos son malos, y también desde qué perspectiva. Es decir, **si repelemos un ataque podríamos decir que es bueno, pero sería mejor evitarlo**. De hecho, el cristianismo no aprueba la venganza ni la guerra contra la guerra. Si consigo un puesto de trabajo es bueno para mí, pero es malo para otros, puesto que ellos no lo han conseguido. Si mato a un terrorista es bueno para la sociedad, pues no sufrirá más atentados, y difícilmente puede rebatirse esto. Aunque los islamistas lo rebaten perfectamente con la "*guerra santa*". En todo esto se puede plantear el dilema "*violencia y violencia justificada*".

Pero, podemos centrarnos en los animales. El planteamiento científico es que todo lo que hacen los animales está justificado, por lo que sus actos no son ni buenos ni malos. Hasta hay una canción del famoso cantante _Roberto Carlos_, en la que critica un progreso desmedido, que dice "*yo quisiera ser civilizado como los animales*". Como la palabra civilización es exclusiva de la historia del hombre, habría que reducir la frase a "*yo quisiera ser como los animales*". Mas, te aseguro, que si los analizas detenidamente, pronto desistirás de ese deseo. **Todos los animales son meros depredadores, están por encima del bien y el mal, son todo lo egoístas que pueden y hacen todo lo que esté a su alcance para supervivir.**

Sólo el hombre puede reflexionar lo suficiente como para ser capaz de renunciar a actos que habitualmente haría. Todo hombre tiene y ejerce esta capacidad de tomar una decisión. Lástima que el tiempo que dedica a reflexionar es más bien poco y que se impone la máxima de que "***la mayoría de los hombres son malos***".

Al margen de particularidades y circunstancias agravantes, atenuantes, coyunturales y justificaciones de cualquier tipo, me he atrevido a hacer una tabla graduada de buenos y malos. La tabla sigue la forma de la <u>campana de Gauss</u>, de modo que el grueso de la población está en medio, es decir, son buenos y malos a la vez. Luego están los que son más buenos que malos y en lado opuesto los que son más malos que buenos. En los extremos de la tabla están los buenos y los malos, cuyo porcentaje es menos del 5%, y los muy buenos y muy malos no llegan al 1%.

La definición del mal como corrupción del bien, es una definición meramente cristiana. ***El cristianismo representa el bien, y a poco que dejas de cumplir sus preceptos, te corrompes.*** Esto es tan cierto como imposible de conseguir, pues **no se nace bueno ni malo, sino ignorante**. Al ir creciendo aprendes lo bueno y lo malo en función de lo que te beneficia y lo que te perjudica. Luego, en el modo de ver lo bueno y lo malo ya estás siendo egoísta. De modo que ***estás siendo malo hasta en lo que ves como bueno. Este egoísmo es consustancial a todo ente, pues tiene su origen en el instinto de supervivencia o poder depredador***. Nadie da nada ni perdona nada, si gana menos de lo que pierde. Por más que se autoengañe, por mucho altruismo y nobleza que muestre.

En cierta ocasión se me ocurrió contar cuántos vehículos ocupaban dos plazas de aparcamientos gratuitos por aparcar de forma inadecuada. El resultado fue que un 25% de los vehículos estaban mal aparcados. Sus conductores, tras bajarse, solían percatarse de ello, pero desistían de subirse y corregir la posición. Si preguntamos a la sociedad, será unánime la opinión de tacharlos de personas incivilizadas, egoístas y problemáticas. Al siguiente día seguía habiendo un 25% de vehículos mal aparcados, presumiblemente eran los mismos usuarios, pero hay que tener en cuenta que muchos de los que aparcaron mal el día anterior, este día aparcaron bien. Así, la cifra de malas personas, fácilmente se elevaría al 40%. Si añadimos cualquier otra conducta incorrecta en la carretera, como el exceso de velocidad, no mantener la distancia de seguridad de frenada, la no colaboración con la fluidez y la conducción poco responsable, me atrevo a elevar la cifra a un 70%. Llegamos a este dato sólo por lo relacionado con el vehículo, y no hemos hecho más que empezar a observar.

Todos los hombres son malos, si bien, algunos, a la vista de sus actos, pueden ser vistos como buenos por otros hombres. Por otra parte, incluso esos hombres considerados como buenos, ocultan maldades que conocen unos pocos, así como otras maldades e injusticias que sólo conoce él.

De la misma manera, ***no existe el ser no violento***. Incluso hay un pasaje de Jesús, posiblemente el hombre menos violento jamás conocido, en el que se lió a tortas con los que utilizaban la sinagoga para mercadear. A buen seguro, las escrituras se precian por sus alabanzas hacia Jesús y por no dejar testimonios que pudieran poner en peligro a *"la religión del perdón"*. Con buena intención lo hicieron. Pero qué crueles los que ajustician a otros en nombre de la religión, *"quien esté libre de pecado que tire la primera piedra"*.

Incluso _Tomás_ se esfuerza en buscar la manera de eliminar la corrupción, y comienza por convencerse de que es algo ajeno al ser y por tanto, alguna manera habrá de eliminarla. Pero esto no es nuevo, se trata de eliminar el egoísmo y los deseos, y no está de más en apoyarse en el cristianismo para conseguirlo. Posiblemente sea la manera más efectiva de estar cercano a conseguirlo. Pero hay otra postura igual o más clara, surgida también en el seno del cristianismo, el gnosticismo, que considera que *"la salvación depende de la persona no de la divinidad"*.

Esto también es discutible, pues la mera reflexión, al igual que la mera oración, no es suficiente para alcanzar la virtud. Hay que poner mucho de sí para mejorar, al igual que hay que poner en práctica el cristianismo para salvarse.

4.13. LA JUSTICIA DIVINA

La justicia divina está por encima de la de los hombres. La divina salvó a Jesús y la de los hombres le dio muerte. La justicia divina está más cerca de la Verdad última, de hecho, es eso mismo. La Vida es toda Verdad, así de simple, no caben planteamientos sesgados, pues es eterna y no tiene fin.

La justicia de la Tierra está hecha por y para el hombre, de manera que estos, cuando la incumplen, se valen de trampas y mentiras para intentar salir indemnes. Pero quien actúe así no se salvará ante los ojos de la Verdad, y ésta acabará imponiéndose, porque busca la perfección o realidad más verdadera, que es la que la Vida utiliza para su ciclo evolutivo.

Por eso, **el pragmatismo solo es una forma de salir del paso, pero no vale para avanzar**. Mentir es negarse a avanzar, a entender, a integrarse con el todo que es la Vida.

TODO VALE PERO NO TODO ES ACEPTABLE

Todo vale porque todo es perfecto por naturaleza, pero no podemos aceptarlo todo, no podemos estar de acuerdo con cualquier cosa, no es lo mismo una cosa que otra.

Por ejemplo, la nobleza es una virtud que sólo se adquiere con el buen hacer.

4.14. LA RESURRECCIÓN

– ¿Tú crees en la resurrección?.

– No, la resurrección no es posible, solo es un producto de la imaginación del hombre, motivada por no aceptar su muerte.

– Pero la Vida es eterna. Mírala a tu alrededor. La Vida es una.

– El hombre no acepta su muerte, a pesar de que entiende eso.

– Dichoso tú, que puedes verla, y entenderla.

– Duele saber que tienes que dejarla y que todo el esfuerzo que hago para conocerla no me consuela.

– Pero no me negarás que ese esfuerzo es propio de ti. Has nacido para eso. Todos venimos para lo mismo.

– Sí, pero si al menos me sirviese para vivir un poco más de tiempo.

– Te aseguro que sirve. Tal vez no para ti, pero sí para los que han de venir. Pues esos **conocerán los métodos para no morir. Pero vivir, vivirán igual, solo que más tiempo**.

4.15. SUMISIÓN

– ¿Cuánta sumisión ha de padecer un hombre para entrar en el Reino de los Cielos?.

– Quien ansíe entrar en el Reino de los Cielos, habrá de **andar siempre de rodillas y vivir postrado. Pues, todos los que se levantaron se perdieron** y no vieron ni de lejos ese Reino.

– Pero, ¿cómo es eso de andar de rodillas?.

– Si conocieras el ciclo de la Vida sabrías que **el correr más no te llevará más lejos, porque a poco que llegues habrá una nueva línea de salida y una nueva meta y eso no tiene fin**. Por eso, lo importante no es andar mucho sino saber cómo andar. Si andas de rodillas no te caerás.

– Tampoco entiendo eso de entrar en el Reino de los Cielos.

– ¿Acaso no has sentido desolación, malestar o inquietud cuando caminas?. Eso es porque no has entrado. Luego, entrar es entender a tu entorno, ser plenamente consciente de donde estás y con quienes estás. Habrás de vivir igual, pero tu mente y tus actos no serán igual, porque serás sabio y no te inquietará el hecho de existir. **Ve a la noche como al día y serás sabio, confúndelas y estarás perdido, sin rumbo y no sabrás si es de día o de noche.**

4.16. ENCONTRAR EL CAMINO

– Me siento perdido.

– Entonces, abandónalo todo y dedícate a buscar el camino.

– ¿Por dónde empiezo?.

– Si te sientes totalmente perdido empieza por cualquier parte. Si tienes algo de cordura empieza desde ahí y gánale terreno a lo que te pierde.

– Y cuando encuentre el camino ¿qué haré?.

– Procurar no volver a perderte. Porque **el fin no es encontrar el camino, sino permanecer en él**.

– Vivir es duro, siempre hemos de esforzarnos. Tan solo con el miedo a la muerte y a lo desconocido ya es suficiente para que me sienta perdido.

– Pero sabes que la Vida no tiene principio ni fin. Es tan grande como el espacio y tan duradera como el tiempo. Así que la Vida no es esfuerzo, sino lo que es, es decir, lo que existe. No hay posibilidad de negarla, ni razón para impacientarse.

En cualquier caso, **te sientes perdido cuando te encierras en lo cotidiano**. Para salir de ese materialismo debes convencerte de que lo cotidiano es secundario, casi prescindible y de que lo relevante es comprender los porqués del ser. Eso agrandará tu cordura.

DEL HACER CAMINO

Para hacer camino hemos de ver lo que hay detrás, escondido. Hemos de ver rápidamente lo que hay en el fondo de la gente para saber mantener las distancias, cuidar las palabras y prever lo que puede acontecer. Porque *una cosa es lo que se dice y otra es lo que se esconde en el fondo*. *Por eso debemos recabar en los pequeños detalles*, para un conocimiento rápido de cuan desarrollada tiene su capacidad para manipular, falsear, traicionar o actuar de forma rencorosa o tramposa y cuanto tiene de lealtad, humildad, sinceridad, seriedad y rigor.

Hacer camino sin ver, es decir, dejándote llevar, es como ir de vacío y conformarse con el quedar bien a base de amoldarte, cual camaleón, a cualquier situación sobrevenida.

Has de elegir, pues, para disfrutar de unas cosas hemos de privarnos de otras. Así, quien quiera tener virtud habrá de prescindir de los vicios y de las ansias.

CAMINAR CON DULZURA

Jesús es Amor porque transmite dulzura. Una dulzura basada en la misericordia, la justicia, la paz y la esperanza de vivir más allá del cuerpo físico, hasta *alcanzar unos ideales que nos llenen de gozo y virtudes*. Por eso, él proclama bienaventuranzas para los misericordiosos, los justos, los pacíficos y los limpios. Porque ellos son virtuosos y en su vivir transmiten dulzura.

El Amor es lo opuesto al odio. Es la sensibilidad y la comprensión frente a la violencia y los abusos. No sabe amar quien no transmite esa bondad. Tampoco transmite dulzura quien no comprende a los demás y a todo lo que nos rodea, puesto que la Vida no se compone sólo de personas. Y comprender ha de abarcar no sólo las causas que justifican el comportamiento de cada uno, sino también conocer el camino de la virtud, pues, de lo contrario seríamos sólo analistas del comportamiento y concluiríamos con un diagnóstico y un tratamiento. Y no se trata de curar a enfermos, sino de mostrar a las ovejas perdidas la zona de pastos abundantes y de eliminar nuestras preocupaciones adquiriendo virtud. Y toda esa virtud se enmarca en el Amor.

La comprensión también debe abarcar el conocimiento de todas las cosas, para no vivir con inseguridades. *Es el entendimiento de todas las cosas lo que nos permite ver más allá* y superar al cuerpo, pues, como dije, no solo hay humanos en la existencia, ni estos son más o menos que cualquier otra cosa. Hemos de entender que todo es Vida. Solo así podrás sentirte integrado y eternamente vivo, porque la Vida es una y no tiene fin. Con entendimiento resolverás el Misterio y cesarán las preocupaciones, y serás comprensivo, y vivirás con dulzura, y podrás decir *"ya nada me falta"*.

Qué más quisiera yo que resolver el gran misterio de caminar sobre las aguas. Cuánta devoción ha desatado dicho misterio. Es como si te transportara el aire, como si la esperanza viviera en él. Pero eso es no querer ver la verdad, lo tangible, y elevar lo humano a lo divino e irracional. Eso es vivir de fantasías para esquivar a la realidad. Pero que no merme la esperanza, porque caminar con dulzura es tanto como caminar sobre las aguas y, además, es posible.

No nos tracemos metas imposibles, no vivamos de la imaginación sino de las ideas que se convierten en realidad. El entendimiento es posible, pero si cerramos los ojos a él, sobrevendrán lo sueños y las fantasías y, con ellos, una lucha absurda para verlos cumplidos, y entonces estaremos perdidos, y nos sentiremos frustrados y enfadados, y no sabremos estar de otra manera porque no entenderemos.

4.17. DEL TIEMPO NECESARIO PARA EVOLUCIONAR

No vale decir pensé ser así y ya soy así, ya cambié. Para cambiar hay que pensar siempre en el cambio y todo el tiempo que no estés pensando en ello estás volviendo a lo de antes. Así que **el punto de conversión en el que estés depende del tiempo dedicado**.

No vale decir te quiero y luego a otra cosa, el querer hay que llevarlo siempre. La mente tiene que llevar un conjunto de cosas a un tiempo, como la cesta de navidad contiene un surtido de cosas variadas que en su conjunto completan la mesa. Esto ha de ser así o seremos presa de las contradicciones en forma de hipocresía y torpeza.

Esto es así para todo. Cuanto más tiempo dediques a ser generoso, más generoso te vuelves, y todo el tiempo que no dediques a ser generoso, retrocedes y avanzas en el egoísmo. Cuanto más tiempo dediques a querer una cosa, más unido a ella te sientes.

Cada minuto que pierdas en cuidar las apariencias, socialmente correctas, es un minuto que pierdes para "expulsar a Satanás" o para impedir que entre.

4.18. SOCIEDAD EN EBULLICIÓN

Lo que aquí pretendo es corregir, no con fórmulas o discursos filosóficos, sino el comportamiento al que lleva una pobre lógica.

El hombre ha evolucionado a través del conocimiento del medio, desarrollando una tecnología cada vez más sofisticada. Pero esto es un aspecto extracorpóreo, es lo que hace y no lo que es. Simplificando, diríamos que es un mono con traje. Y esto es así porque a lo largo de la historia se repiten los mismos personajes y patrones de conducta, tales como la destreza y la torpeza, la paz y la violencia, la justicia y los abusos, etc. Esto nos obliga a preguntarnos: ¿hay que evolucionar técnicamente o hay que mejorar nuestro estado espiritual?. Lo cierto es que si solo evolucionamos técnicamente siempre estaremos cayendo en los mismos errores de conducta.

Si miramos dentro de nosotros, nos encontramos a un personaje de película que fuera de escena es vulgar y egoísta. Es ahí donde está nuestra estupidez, en la doble personalidad, la ética y la estética.

Cualquier instante de cada día está colmado de estupideces, supersticiones irracionales, ideas fugaces, recuerdos tormentosos y miedo e incertidumbre al después.

Estamos en constante conflicto contra la sinrazón. Se puede cambiar de tema pero siempre se repite el mismo proceso mental, en el cual, ganamos al absurdo y lo celebramos, o perdemos y enloquecemos, pero en cualquier caso, nunca lleva a la perfección, pues, todo es perfecto por definición, toda vez que es y no puede dejar de ser.

Éste es el verdadero pecado, el que hay que curar, el que hay que destruir y evitar por medio de la evolución, la mística y la reflexión. Y es que vamos desesperados, desde el principio. Los cambios que pueda experimentar una persona a base de observar su entorno no bastan, es necesario que desde su nacimiento se encuentre en un mundo espiritualmente estable.

Adoctrinar a un pecador con una religión y unos mandamientos rígidos solo sirve para atormentarlo y convertirlo en un hipócrita.

Cuantos sabios investidos en honor a la rectitud y la virtud, sin siquiera brotar de ellos un atisbo de luz y de fe. Ciegos todos. Mas, *aún no he conocido a nadie con suficiente paz interior como para afrontar la vida sin sufrir desvaríos por la inmediatez de todo.*

Pareciera que la naturaleza del hombre se reduce a una lucha sin cuartel por la inestabilidad que le supone *la doble dualidad del ser depredador que quiere ser pacífico y del ser ético que reconoce el bien y el mal*. Luego, caben muchas dudas respecto al futuro del ser humano, ya que sigue siendo un ente incontrolado. Las estupideces que cometemos cada día y el continuo y cíclico acto de pensar para muy poco, no son tesoros que se deban guardar.

Lo cierto es que cambiamos con más desesperación que prisas, pero sin pausa. *En ocasiones, aparentemente, damos pasos de gigantes y otras veces andamos muy lentamente e incluso damos algún paso atrás.*

Llegado el momento, nuestra vida puede alcanzar un estado de equilibrio vegetal, ya que la evolución siempre termina volviendo a lo de atrás, repitiendo una y otra vez el mismo proceso evolutivo.

Es vejatorio y abominable que el ser humano, una vez consciente de su inteligencia, la utilice para menospreciar al resto de seres materiales. Pero éste es solo un error de apreciación, porque si las plantas carecen de inteligencia, también están exentas de estupidez e ignorancia, y eso, a los ojos de la evolución, indica un alto grado de perfección.

Nosotros damos menos valor al hierro frente al diamante por cuestiones aparentes. Pero esto no es más que un defecto adquirido, porque entre ellos no existe ese conflicto, porque solo por el hecho de existir ya son iguales en valor.

Los humanos hemos dado pasos de gigante en la tecnología y la estética, y no hay día en que ésta no de otro paso más. Sin embargo, ¿por qué no ocurre lo mismo con las relaciones sociales?. La impresión que se tiene es que, aparte de las leyes y costumbres, poco ha cambiado nuestro modo de proceder.

Nos sentimos igual de perdidos que antaño, con la sensación de que no hay salida y que todo es desesperación e incertidumbre. Cómo sacar lo primitivo y meter ideas mejoradas. Cómo eliminar la violencia en el deporte, cuando algunas modalidades de deporte se fundamentan en vencer al contrario con el uso de la violencia. ¿Y la afición ciega y descontrolada que grita pidiendo sangre?.

La ética y la estética están cada vez más distantes. Hemos avanzado en ciencia lo inimaginable, sin embargo, no hemos avanzado, prácticamente, nada en civismo. **Somos monos con traje, y el traje parece trastornarnos aún más**.

Hemos de adquirir habilidades que nos capacite para separar lo que no es bueno y enviarlo a lo que podríamos llamar un vertedero, almacén o conjunto, en donde encerremos todo lo que consideramos perjudicial para avanzar. El conjunto es un lugar imaginario, un artificio para mentalizarse de que es necesario apartar y encerrar todas las ideas que nos atormentan y asegurarnos de que no retornan, negándonos con firmeza. Es el largo camino para la conversión.

4.19. EL ALMA Y LA MENTE, DIOS Y EL UNIVERSO

La mente es un concepto relativamente reciente. Un símil de *la mente es el software de un ordenador, mientras que el cerebro es el hardware*. Es decir, *la mente no es algo físico*, sino una forma organizada que describe un suceso. Parpadeamos, no sólo porque los nervios emiten un impulso eléctrico al cerebro (en una computadora serían los datos de entrada), sino porque ese impulso es comprendido (en una computadora sería el programa o aplicación) y desencadena una cantidad ingente de impulsos que retornan a los párpados y glándulas lacrimales (en una computadora sería el resultado), para que estos humecten el ojo (en un autómata serían mecanismos que se mueven y segregan líquido).

La mente es el conocimiento y el entendimiento acumulado en forma de combinaciones electroquímicas que hay en el cerebro (en un ordenador se almacena en forma eléctrica en discos magnéticos).

Conocida la mente, el concepto de alma se ha asimilado al de mente, indistintamente. Sin embargo, no tiene por qué ser exactamente lo mismo. Según mis consideraciones, existe la comunicación extrasensorial y, además, hay transmisión constante de unas mentes a otras, de modo que un nuevo individuo hereda toda la información acumulada desde los orígenes de la humanidad (otra cosa es la capacidad que tenga para gestionarla).

En base a esto, *las antiguas teorías de que el alma es inmortal cobran sentido.* **El alma trasciende a los individuos, no pertenece a nadie en particular, sino que va mucho más a allá de la mente, la cual es individual y está limitada por el cerebro.**

Lógicamente, podemos modificar la definición de mente y la de alma hasta que sean la misma cosa, pero eso está por hacer. De la misma manera que podemos igualar la definición de Dios y de Universo, pero también podemos distinguirlos si decimos que **Dios es el alma del Universo, mientras que el Universo es, en sí, lo físico**. Distinguimos el alma de los seres vivos del alma del Universo, estando la primera englobada en la segunda. Es decir, los seres vivos forman parte del Universo, y no al contrario. Luego, el alma de los seres vivos es parte de Dios.

Si decimos que Dios es el creador, lo distinguimos de lo creado. Lo cual delimita a Dios, como el alma que crea a partir de lo creado, es decir, Dios es el motor del cambio, el causante de las cosas evolucionen. Luego, **Dios es el alma, pero no la cosa**.

El empeño en justificar a Dios como el principio necesario ha sido el centro de la filosofía. No se terminaba de aceptar que no existía un principio de creación, y ese principio debía se creado por alguien. Si nos saltamos esa tesis tan recurrente y aceptamos que no hay principio, y por lo tanto, no puede haber final, la figura de Dios no pierde valor alguno, toda vez que existe evolución y que existe una esencia que se repite en todo. Todo lo que se crea procede de algo creado. Eso es la evolución. **Nada es nuevo, sino que todo es resultado de algo preexistente que ha sufrido un cambio necesario, y el tiempo es testigo de ello.** A mayor tiempo, mayor transformación. ***Trascurrido un tiempo determinado, todo vuelve a ser lo que fue antes, lo que da como resultado un Ciclo Evolutivo de la Materia***. La evolución es constante, no tiene principio ni fin, pero va pasando por distintas fases evolutivas eternamente, repitiendo el ciclo una y otra vez, de la misma manera que *una rueda apoya en el mismo punto, una vez completado un ciclo.*

4.20. PENSAMIENTOS ACTUALIZADOS: EL HOMBRE, DIOS Y LA LÓGICA

Max Scheler es la cara opuesta a Bertrand Russell. Sigue atrapado por la figura de Dios y eso le impide razonar con mayor profundidad para llegar a una verdad más cierta. Todo el que mantiene la idea de Dios se coloca justo después de él. Es decir, **el hombre que cree en Dios se coloca entre Dios y el resto de las cosas.** *Esto puede parecer un acto de sumisión, pero en realidad es puro egocentrismo, ya que se coloca delante de todo lo que es y solo detrás de lo que no es*. También es una ilusión en la que se mezcla la imaginación y la realidad. Es una especie de **paranoia en la cual el hombre es medio real y medio irreal.** Es decir, es real porque existe, al igual que el resto de las cosas, y es irreal porque considera que Dios se manifiesta a través de él.

La lógica de Kant, Scheler y Heidegger hace aguas. Entran y salen de la realidad, y cada vez que salen, su imaginación vuela *"cual ángel inmaculado"*.

Es necesario primero saber para luego dudar, y del resultado de profundizar en las dudas surgen nuevos pensamientos, que no son sino los pensamientos anteriores evolucionados, actualizados.

EPILOGO

Yo soy el final. Así concebí mi destino, paranoia sin igual, místico excelso.

Mi gran obra será comunicarme con las fuerzas de la naturaleza en el instante de mi último soplo de vida que me quede para que acabe con todo vestigio de este planeta infernal.

¿Por qué?. Porque la historia, especialmente, la de la humanidad, es abominable, injusta a todas luces, pero también lo es, aunque en mucho menor grado, la de los animales y, en mucho menor grado aún, la de las plantas. **La historia de la vida en la Tierra es la historia de la depredación**. Vivir en disputa y competencia con todo lo demás.

Sólo me queda una pega, y es que **la naturaleza misma de todo pareciera actuar de la misma manera**, como resultado de la evolución. Pero nada comparable a los animales y, especialmente, a los humanos, pues, además de su naturaleza depredadora, tienen desarrollado un egoísmo insaciable que les lleva a tener todo el poder que pueden. Mas, cómo si no, enfrentarse a las calamidades, a los cataclismos, al hambre y a la sed, y sobre todo a la ignorancia y a la extrañeza del vivir, y a no poder encontrar la respuesta a la pregunta «¿vivir para qué?».

En todo caso, como única respuesta razonable o lógica, cabe decir que «no procede dicha pregunta», porque es tanto como preguntarse «¿qué es no ser?», donde no cabe la lógica de responder que «el no ser es el vacío», pues también el vacío es, toda vez que ocupa un espacio.

Oh, Tierra que me has engendrado en humano, borra toda huella de mí y de mis semejantes, pues, no hay mayor crueldad en el Universo entero que nuestra historia y, por tanto, de nuestro existir.

Cabreo universal, malestar inevitable, muérase el Cosmos, aunque me conformo con la Tierra.

Corrían las gentes nerviosas, en todas direcciones. Algunos se acercaban y me decían:

– «Lucas, Lucas, el mundo se acaba»

Mientras, yo andaba como con la mirada perdida, pensando en cómo encajar la crisis.

Aquel equipo de gobierno era demasiado inmaduro, inexperto e idealista. Hacían más caso a sus sueños y principios que a los parámetros que cuantificaban todas las variables importantes. Conocían sus deseos pero no el resultado. El país se hundía, los empresarios cerraban y se marchaban a descansar a sus palacetes de la costa. Los jóvenes, asustados y arrodillados, no veían la manera de formar una familia, a semejanza de la de sus padres. Mientras, todos, en general, lloraban para no perder las ventajas que el sistema contributivo aún mantenía.

El país estaba entrampado por una gestión nefasta, insensata, insolvente y corrupta. La inmigración no cesaba de llegar de los sultanatos y otros países oligárquicos. Todos querían una oportunidad y éste país había abierto hasta los fines de semana. Todo era una fiesta.

Venid, venid, porque nosotros os queremos

Era la llamada de las sirenas
El sueño de Orfeo
El Jardín de las Hespérides.

En un par de años retrocedimos veinte. El incremento de población rompió el equilibrio y trajo el hambre y la desesperación. La iglesia se afanaba en plegarias y ayudas. Mientras, en las calles reinaba la anarquía, la policía paseaba en coches y los jueces no daban abasto con tantas nuevas leyes absurdas. Los políticos se habían convertido en marionetas con apariencia de personas notables. Todos a la suya en vez de todos a una. Mientras, seguían llegando amigos:

– «Lucas, Lucas, el mundo está descontrolado»

Y yo, que seguía andando con la mirada calmada, sabedor de que la humanidad, como todo, es pasajera, a veces les decía:

– «está como tiene que estar. Haced lo que yo, mirad por el mañana, pues si solo miráis por el hoy, así no veis lo que ha de venir y os asustáis y enloquecéis. El mañana siempre será distinto y lo de hoy ya no será. Al igual que hoy no queda apenas nada de lo de ayer. Haced esto y todo os irá mejor».

Así los consolaba por momentos, mientras andaba y observaba las flores, la lluvia, el mar, los montes y todo lo que mi ya muy desgastada vista alcanzaba a ver y, al tiempo, no salía de la sorpresa de vivir, y cuando todo parecía perder notoriedad, miraba al cielo
    y viajaba hasta mi casa,
        allá entre el cielo y la tierra,
           y reposaba,
    y la inercia orbital me llevaba.

BIOGRAFÍA

Soy Lucas B. Rodríguez Valido. Nací en las islas Canarias el 6 de junio de 1965. Estudié Ingeniería Civil, por aquello de que sin pan no vive el hombre, pero mi verdadera vocación está más próxima a la filosofía de lo que es y del cómo ser.

Mis trabajos son ensayos de filosofía social y ciencia especulativa. Además de la obra "Ciclo evolutivo de la materia y teoría de las densidades", he publicado las obras de "Filosofía de la conducta", "Filosofía del Amor" y "Entre el Cielo y la Tierra" (esta última es una excepción, o no, ya que pertenece al género lírico. Se trata de unos poemas que expresan profundos sentimientos románticos por los que pasé), y espero terminar pronto las obras: "Mente influyente" y "Perfeccionismo".

www.ingramcontent.com/pod-product-compliance
Lightning Source LLC
Chambersburg PA
CBHW060831220526
45466CB00003B/1062